小园林设计与技术译丛

从艺术到景观

——在园林设计中释放创造力

［美］加里·史密斯　著

余　洋　胡尚春　译
裴　钊　校

中国建筑工业出版社

著作权合同登记图字：01－2013－5647号

图书在版编目（CIP）数据

从艺术到景观——在园林设计中释放创造力 /（美）加里·史密斯著；余洋，胡尚春译. —北京：中国建筑工业出版社，2017.5
（小园林设计与技术译丛）
ISBN 978-7-112-20310-9

Ⅰ. ①从… Ⅱ. ①加… ②余… ③胡… Ⅲ. ①景观设计—园林设计 Ⅳ. ①TU986.2

中国版本图书馆CIP数据核字（2017）第010580号

From Art to Landscape/Unleashing Creativity in Garden Design/W. Gary Smith

责任编辑：戚琳琳　张鹏伟　费海玲
责任校对：王宇枢　李美娜

小园林设计与技术译丛

从艺术到景观

——在园林设计中释放创造力

［美］加里·史密斯　著
余　洋　胡尚春　译
裴　钊　校

*

中国建筑工业出版社出版、发行（北京海淀三里河路9号）
各地新华书店、建筑书店经销
北京锋尚制版有限公司制版
北京利丰雅高长城印刷有限公司印刷

*

开本：880×1230毫米　1/16　印张：19¾　字数：367千字
2017年7月第一版　2017年7月第一次印刷
定价：158.00元
ISBN 978－7－112－20310－9
（29682）

From Art to Landscape

From Art

to Landscape UNLEASHING CREATIVITY IN GARDEN DESIGN

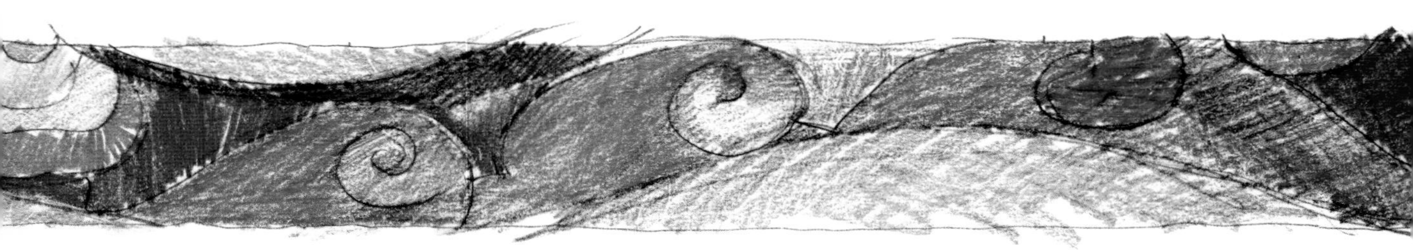

半标题（第1页）：西宾夕法尼亚植物园（Botanic Garden of Western Pennsylvania）里一块洪滩区的细部绘画。标题页：在游览香缇克利尔花园之后，我画了这幅幻想色彩版本的班纳西克·丹（Dan Benarcik）设计的花境。这里的植物有美人蕉“热带”（*Canna* ‘Tropicana’，又名为‘Phaison’），常绿大戟（*Euphorbia characias*），以及背景里的新西兰麻（*Phormium tenax*）。本页：那不勒斯植物园（Naples Botanical Garden）里热带马赛克花园（Tropical Mosaic Garden）中日出边界墙（Sunrise Border Wall）的草图。

致意外的新发现

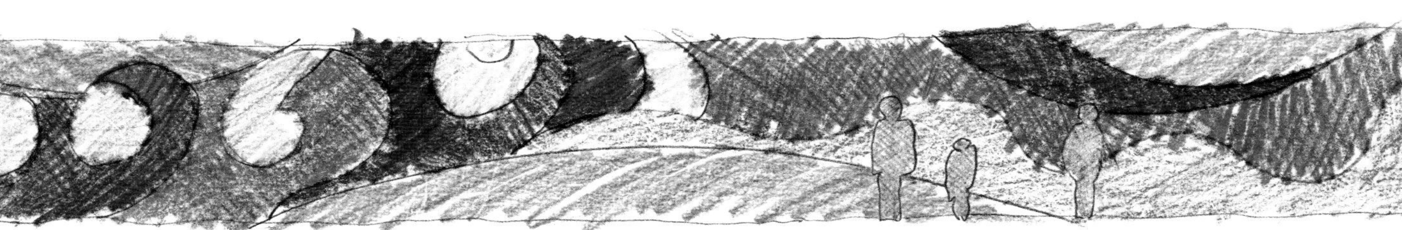

目录

在皮尔斯林园的长木花园中，蓝花山梗菜（*Lobelia siphilitica*）与红花山梗菜（*L. cardinals*）混搭而成的花丛流入池柏树林（*Taxodium ascendens* ‘Prairie Sentinel’），这里的核心设计主题是挺拔硬朗的树干与水平延伸的地被植物共生。

引言：艺术家在园林设计中使用的工具

这是一本关于园林设计创作过程的书。书中探索了艺术家用来培养个人与景观沟通的工具和技巧，以及如何使用它们来丰富园林设计的艺术。艺术家会使用一些使自己沉浸在一个场地从而发现其本质特征的媒介和方法，比如线条绘画、颜料绘画、雕塑实验、冥想、诗歌和舞蹈。我与各个领域的艺术家都有过许多的对话和合作经历，他们对我作为一个园林设计师的发展有着很大的影响。园艺设计师、有天赋的业余爱好者和专业人士一直提醒我园林最重要的内容是有生命的植物，以及它们给我们日常生活带来的灵感和快乐。

我发现，在与景观场地的沟通方式上，艺术家与景观设计师有着不同。我的专业培训最初是在特拉华大学（University of Delaware）观赏园艺系，校区坐落于一个历史上有许多的商业苗圃和杰出花园的地方。之后在以生态设计为重点的宾夕法尼亚大学，我师从环境规划和景观设计大师伊恩·麦克哈格（Ian McHarg）。在后来的职业生涯中我开始学习绘画和雕塑。我从艺术家朋友以及宾夕法尼亚美术学院（Pennsylvania Academyof the Fine Arts）的正规教育中学到了很多。作为一名园林设计师，我一直很欣慰这些创意实践能够深化我的工作，尽管这些艺术方法与园林设计往往最初显得不太相关。

我的景观设计师教育教会我这样一个方法论：通过理性分析一块场地的生态和社会因素能够设计出一个完美和谐的设计方案。设计者的自我在这个过程中最小化，现有景观以一种被修改的方式呈现，以反映如何最大程度有利于该场地自然生态系统以及使用者意向活动。另一方面，艺术家被教导要将自我当作一种积极的力量。将直觉作为一种

在微风的四月天，樱花花瓣凋落在碎石铺就的凹槽中。

能够在深层次与景观建立沟通、敏锐感知场地内在特质的方法来培养。他们可以创作出深深感动自己与他人的艺术作品。近年来，许多艺术家们将注意力集中到了有生命力的景观。

他们的工作不仅包括在作品里展示景观图片，也有对实际场地的修改。一些设计者比其他人更专注与自然生态系统的细微之处；而当艺术家与景观场地在一致的频率进行对话时，比起有任何一方沉默的情况，这时进行的沟通更有意义。在景观设计也是如此，特别是对于精致的园林设计。园林是最能体现景观和艺术强有力结合的地方，人们可以在这里找到与生命世界最深的联系。

空间变换的园林

春季的一天，我开车到宾夕法尼亚州韦恩（Wayne）的香缇克利尔（Chanticleer）公共花园。在兰开斯特大道（Lancaster Avenue）上，成行的樱桃和梨正值鲜花盛开。四月不同寻常的强劲阵风正将所有花瓣一次性吹落，空中大片的白色花瓣组团在我面前横飘过街。在这样的大风吹起之时，我希望当我到那个花园时，会有一些花留在树上。到了香缇克利尔，我与丹・贝纳西克（Dan Benarcik）见面，参观了别墅周围他设计的花园。

在别墅前面是一个环形的庭院，这里曾经被沥青覆盖，但是丹将它改为耙平的砾石面并维持到现在，其灵感源于古老的日本传统。每周一早晨他都会在红色砾石面上耙出一个新图案，然后一周内逐渐被淘气的孩子和心不在焉的大人们的脚步侵蚀。对于丹来说这没什么，因为他知道园艺是一个持续的过程，花园需要有人才能实现其目的。我在星期一去过那，当香缇克利尔（Chanticleer）对公众关闭的时候，员工们可以进行园艺工作而不被打扰。在我拜访前的几个小时，他已经在砾石庭院耙出了一个完美的扇贝形图案。一圈开着粉色花的樱树将庭院围合，在丹耙完图案的短暂时间里，风吹落了它们几乎一半的花。尽管有这样强劲的阵风，大部分的花瓣了还是落到我们脚下的地面，牢固的镶嵌到了砾石的缝隙中。看到这些我赞叹不已，我很欣喜看到丹的扇贝形图案变得如此灵动，新鲜的粉色花瓣在狭窄的平行弧线中排列。

这就是我的朋友比尔・弗雷德里克（Bill Frederick）所称的一个“神圣的时刻”，即一个在超出你自己能力的事物面前你心中充满敬畏的时刻。是它让我一遍又一遍地回到同一个花园，因为你永远不知道何时会出现这样一个完美的时刻。在这个案例中，它是由于天气和生物的集合所带来的。或者更精确地说，是由风和脱落素带来的。但这仅仅是这神圣经历的开始。在第一次看到樱花组成的扇贝形图案的喜悦之后，我注意到风在这圈树木里形成了一个微妙的涡旋，樱花瓣一圈一圈地在庭院里打转直至落到地上。幸运的是，在砾石与樱树之间有一个硬铺装散水台面。所以我们走进去，站在离涡旋中心更近的位置，这样空中飘落的樱花瓣在我们前后方飞过。我们被旋转的花瓣云团所包围。它是如此震撼和使人着迷，仿佛我们已经变小成微型尺寸而站在一个雪花玻璃球中。对我来说，能让人完全沉浸在这种神奇的魔法当中就是园林设计的真谛。

创建园林的联系

这是一本关于快乐、与他人共享和协作以及与场所建立联系的书。也是关于释放你内心的创造力，把个人故事与想象带到现实环境中的书。当你自己使用艺术家们所用的简单技巧来观察和记录场地独特属性的时候，你将会被引导出超出你想象的丰富表现力。当你创建一个设计词汇表来表达自己以及周围的区域景观时，你可以创作一个花园以展现你最内心深处的艺术情感。这是关于培养创造力的方式，它需要你理解自己的个人历史以及对你有意义的图片和故事，还有把自己的快乐带入有生命的树木与花草的世界（连同所有服务和支持它们的雕塑和建筑元素）。这是关于制作一个与朋友和其他游客分享的园林，以及提供对他们来说有意义的经历和画面。园林可以是一个让人们去探索自己的故事的地方，一个他们可能会感到安全而抒发想象的地方，以及一个他们自己的内心可以被邀请到这个世界中的地方。

对我来说，园林主要是关于快乐。最令我难忘的，是那些能让我笑、让我可以迷失在他人创意精神中的园林。我想置身于这样一处园林：能让我停下来说，哇，是什么让设计者有这样的创意？是什么让他们把那些东西布置到一起？如果我有这样的反应，我知道我一定在一个自己的创新精神开始参与（或许甚至是唤醒）的园林中。也许它只是睡着了一会儿，需要被带回到生活中。对于这些能让我自己开怀大笑的园林来说，它们是我知道的空间变换发生的地方，是我想要一次次回来的地方。这样做不只是因为我想看看接下来园艺家想到了什么，而是让我自己得以体验更深程度的空间变换。

这本书的第一部分介绍了一些艺术家的技巧和工具——它们是在我鼓励自己与内在创造力源泉的联系，以及从艺术家的角度着手设计园林的过程中习得的。第二部分提供了一些实际的案例研究，展现创新精神和规律的艺术实践是如何丰富和补充园林设计过程的。这些案例源于在全国范围内我与他人合作的经验。我希望你能允许自己去练习一些在之前页面中所描述的艺术家们使用的技巧。对于这些技巧，有些是在幼儿园级别的（从技能水平和给游人带来欢乐的角度来说），有些则是更高的级别。请记住：不管你选择哪些技巧，你必须练习使用它们。实际上你需要不断练习才能充分发挥创造力。如果你不断在多种媒介上测试和开发各种艺术技巧，你会发现自己在不断修改自己的常规设计程序。你需要养成不断发展新习惯的习惯。而最重要的是，以艺术家思维充分启动的状态，保持对新植物种类的学习以及对园林和自然景观的游览。你会发现这样做对个人的回报将是丰厚的，你与植物和大自然的联系，将会建立的比你原先设想的层次更深。你的园林将会反映出不断演进的艺术表达，你的朋友和家人也会一次又一次地被打动和受到启发。

第一部分：培养艺术家的眼光

在完成这张“涂鸦书”草图后，它让我想起沉水植物在水中顺着缓缓水流柔和的摆动。我用计算机给原本黑白色的草图上色，使其更能唤起自然的感觉。

第1章　创新的自我：从认识自我开始

每件艺术作品都源于艺术家自己。没有哪种创造性的行为是凭空出现的，作为艺术家，我们经常与周围的世界和人进行对话，但每个项目，无论是大是小，都源于一个想法的种子，而它从内在的个人知识中产生。不论是一幅绘画、一曲音乐、一段舞蹈、一个雕塑，或是一座花园，所有的创作工作都始于兴趣的火花、一个喜悦的神奇瞬间——这是一个极其个人且私密的经历。它可能是你脑海中那个小小的声音："啊！哇！把鲜明的绿色与艳丽的粉红色放在一起岂不是很酷？我现在就想试试。"也可能是当我们想起童年时某个场景并渴望与他人分享回忆时，我们所体验到的小小的颤抖。不管后来会有多少人参与其设计过程，或者像我们所希望的那样被我们的作品打动，灵感是一种稍纵即逝的神秘灵光，它的产生需要依靠我们个体经历、观察和关系的积累。

设计始于对事物内在的观察，而草图能够帮助你揭示你未察觉的自我。当设计《玉米心》（Corn Heart）的时候，我画过许多像这样的心形。这是一个与短篇小说家安妮·霍金斯（Annie Hawkins）完成的环境艺术作品。

我自己的快乐和灵感源泉

我在自然界快乐和灵感源泉，以及我在艺术创作中对快乐的感悟，都来源于我在特拉华州纽瓦克时期的童年成长经历。也许那里看起来并不像文化或艺术场所最丰富的地方，但每个小城市都有它独特的乐趣，我童年的乐趣之一就源于住在宾夕法尼亚州肯尼特广场（Kennett Square）长木花园的跨州界对面。我上高中的时候，长木花园是不收费的。所以我们偶尔会旷课一天，开车去那儿和花儿玩耍。我常迷失于花丛五彩斑斓的色彩中。我幻想也许有一天自己会在那里工作。那里留下了我青少年的生活中的一些重要时刻。在意大利水花园（Italian Water Garden）的台阶上，我献出了我笨拙的初吻。

园艺对我来说一直很重要，我在八年级加

入了温室社团。我们学校后面的服务区有一个小型生产温室。我们的历史老师和温室社团导师尼克尔先生（Mr. Nickle）教我们如何用种子和扦插法繁殖植物。我们为节日生产应季花卉，比如感恩节的菊花，圣诞节的一品红和复活节的百合。我喜欢园艺艺术，那些技术让我着迷。蛭石是一个神奇的物质。我们通过学习变得擅长于盆栽、照料植物生长，以及随后迫使我们的父母从我们这儿购买它们。

我阿姨贝蒂家的每个窗户都摆上了植物，她就住在我高中学校所在的那条街上。我的朋友们称呼她为我的“植物阿姨”。她有许多室内植物。当她不在家时，我便负责照看这些植物。贝蒂阿姨教我如何种植非洲紫罗兰（African violets），她给了我人生中第一本园艺书——1955年出版由佩吉·舒尔茨（Peggie Schulz）所写的《人造光与植物种植》（Growing Plants Under Artificial Light）。舒尔茨写道：“只要有光，植物可以种植在任何地方、作为任何房间的装饰。”多好的理念啊！不管有多少阳光照进来，我都可以用活的植物来装饰房子里的任何房间。到了十四岁的时候，我有超过二百株在荧光灯下生长的非洲紫罗兰，它们几乎要完全占据了我的卧室。我妈妈常常担心晚上它们会吸光所有的氧气，以致我会在睡眠时窒息。

在我高中的温室俱乐部，我们为节日种植花卉，比如为橄榄球赛季准备的菊花。

最近，一位朋友在追忆他渴望拥有一座圣诞树农场的童年幻想。他十四岁的时候通过当地周日报尾页广告订购了一百株幼苗。花费十美元买一百棵树听起来是一个很不错的交易，尽管这些树苗送到他家时，朋友看到这些幼苗如此之小而非常失望。最后他还是栽种了它们，但很快就失去了兴趣。作为成年人的我们可以想象其中的一些幼苗可能存活下来并长大，而此时此刻正占据着他那童年后院的大部分空间。

我也是个杂志尾页广告的狂热粉丝，尽可能多地索取植物目录。这些植物目录色泽绚丽而又充满光泽，像免费的高质量书籍。我会浏览着这些目录，并梦想着如果我要是有自己的花园该怎么布置呢。我想种像餐盘那么大的大丽花（*dahlias*）、大到我需要一辆手推车把它们搬进房子的西瓜，以及我特别迷恋唐菖蒲（*gladiolas*），那令人无法抗拒的绚丽的总状花序（racemes）深深吸引着我。我长大后才知道唐菖蒲的另一个常用名叫剑兰，其属名源自一种古罗马军队短剑的名字。在1960年代，哪个男孩不爱角斗士电影呢？我们常在周六上午的电视上看。维克多·迈彻（Victor Mature）是我的英雄，另外，谁不喜欢诸如“幸运星”，“火之舞”和“紫罗兰皇后”的植物名字呢？五彩芋属植物（*Caladiums*）也很吸引人，还有几百种不同的鸢尾（*irises*）和萱草（*daylilies*）也令人神往，我希望有一天能够种这些植物。

感谢佩吉·施瓦茨（通过我的贝蒂阿姨认识），在我八年级时，我的卧室有数百株非洲紫罗兰盛开在荧光灯下。

纽瓦克高中提供了一些园艺课程，作为职业/技术课程的一部分。尽管我还在大学预科学习阶段，但还是选修了这些课程。这些职业/技术课程的学生们通常有着较大体型和粗哑的嗓门，这多少对我这样瘦小的爱花人士来讲有些吓人。他们中的大多数穿着绣着“未来美国农民”（Future Farmers of America, FFA）标志的牛仔夹克。我从来没有加入过这个组织（FFA），但我喜欢他们的夹克，和他们在一起我的确学习到很多植物知识。

我高中时的其他爱好是音乐和艺术。我在三个不同的合唱团演唱，其中包括一个舞蹈团，我们，在跳帕凡舞（pavane）和加亚尔德舞（galliard）的时候唱伊丽莎白牧歌。我们也有刺绣夹克，但是饰着镀金装饰的紫色丝绸。艺术室是我感觉最舒适的地方，我经常和我的朋友在那里玩。我们有两个艺术教师。一位是凯利查瓦（Kellechava）先生，我们叫他凯利，他是一位优雅的老绅士，教古典绘画基本原理和植物栽培。而另一位是威尔逊小姐，她年轻、时尚而随性。她有1960年代传统的发型，穿很短的裙子。我发誓，她甚至会在一些特殊场合穿白色塑料马靴。无论我们在画布上涂任何颜料，她都会很高兴。在那时我并不知道，在凯莉和威尔逊小姐之间，我学习到了纪律和混乱之间的相互影响，从此这个主题便和我形影不离。

发现景观设计

到了选择大学专业时，我真的很想学习音乐和艺术，但最后我选择了园艺，因为它更实用，看起来更有可能让我毕业找到一个好工作。在特拉华大学我主修观赏园艺学，但由于这个专业设在农业科学学院下，课程设置比较偏科学而在装饰方面上则有些弱。这个专业有很多的植物生物学和遗传学课程，以及相当多的观赏植物识别和栽培课程，但在植物的景观应用方面的课程却很少。我当时渴望创造力，所以我选了一些音乐和美术选修课作为园艺学习的补充。我上大三时，由于我已经修过了一些必要的先修课程，我

罗伯托·布雷·马克思在1952年设计了卡洛斯·索罗（Carlos Somlo）住宅。项目在巴西的特雷索波利斯（Teresopolis），这是一个景观尺度的现代主义活“绘画”。康拉德·哈默曼拍摄。

参加了一个景观设计课程。老师康拉德·哈默曼（Conrad Hamerman），向我展示了艺术如何结合植物来创造园林。

景观设计课将我所有的兴趣聚到了一起，我第一次可以想象一个融合了我的一切兴趣热情的职业。在巴西，康拉德曾为著名设计师罗伯托·布雷·马克思（Roberto Burle Marx）工作，而且已经成为他在美国的代理人。我和同学们为布雷·马克思的现代主义园林的照片而激动万分。他在大尺度的土地上创作出活抽象画，运用蜿蜒的对比鲜明的颜色、质感和形式。他的设计以富有创造力和人工特点而著称，是园林作为一种抽象艺术的戏剧性表达。布雷·马克思曾去过我们的设计教室讲评我们的项目作品。尽管我们都被他的作品所启发，但当时我们并不知道他是世界上最著名的景观设计师之一。

我在特拉华大学上大四的时候，发现另一个十分吸引人的学科：生态学。阿米斯特德·布朗宁（Armistead Browning）是当地一位专注于大自然而非艺术的景观设计师，他教过一门叫“环境分析”的短期冬季课程。通过这门课，我们了解了生态系统的奥秘，以及自然世界各要素之间的相互作用。二月一个寒冷而清新的午后，我们站在宾夕法尼亚州的布兰迪韦恩山谷（Brandywine Valley）的山顶，看着这片苍凉的冬季景观，它仿佛是从安德鲁·怀斯（Andrew Wyeth）的绘画里跳出来的一样。枯萎的褐色牧草轻轻地铺在缓缓起伏的地形上，被一条条光秃秃的刺槐篱分隔开。一群饱经风霜的农场建筑盘踞于两座山间的裂缝之中。泰德指着一条沿着山坡底部流淌的小溪。

“土壤下面有一个水层”他说，“叫地下水，它在我们脚下慢慢地朝山下流动。地心引力将这些水汇到山下，山下的那条溪流标识出了地下水与天空的交汇之处。”

拜（Bye）为在康涅狄格州的Leitzsch住宅设计的花园。在拜的艺术景观书中，这张照片的题名为“一棵圣栎成为沿着草路进入幽静森林的转折点。”图片来自宾夕法尼亚州立大学馆藏的A. E. Bye资料集。

我觉得我的世界完全被颠覆了。冰冻的冬天景色不再是静止的，如今因为水在地底下流动而变得生动起来。那个冬日的午后，整个景观变得鲜活了起来，从那一刻开始，我觉得自己以一种全新方式与景观联系了起来。

设计结合自然

在宾夕法尼亚大学的研究生学习期间，我遇到了杰出的景观设计师拜（A. E. Bye），其园林设计作品的形式和内容源自他对大自然景观细微的观察。与布雷·马克思不同，拜的景观作品看起来是自然未经人工修饰的。要是他带客人去参观他设计的某个花园，这个花园中每一块石头、每一棵树和每一株小草都是他设计的一部分。客人们通常会四处看一会儿然后问："哪一部分是你设计的?"对他而言，这是最大的赞美。

拜喜欢探索景观中的情绪和情感。1970年代泰德·布朗宁（Ted Browning）在拜的办公室工作，他们是好朋友。在1980年代早期，我住在宾夕法尼亚州切斯特郡泰德的农场。在一个拜来访的周末，我们玩了一个游戏，我们开车穿过自然景观，走一段就停下来，让拜用一个词总结出某个特定景色的情绪。我们会停在一片成熟的山毛榉树林前问他："这个是什么情绪，拜先生?"

"庄严！"他解释道。

或者我们会停在一片有着枝桠扭曲的刺槐林前，问："这个又是什么呢？"

"幽默！"

拜最喜欢的景象之一是早晨或黄昏的阳光从后面穿透树林："光明！"

这两种反差极大的设计手法，深深影响了当时作为一名学生的我——布雷·马克思的园林就像在地上的大胆、多彩的抽象画，而拜的园林设计是如此微妙，以至于让人们很难察觉到设计的痕迹。

在宾夕法尼亚大学，我师从杰出的生态规划师和设计师伊恩·麦克哈格。他在1957至1986年间是景观和区域规划系的主任。其著作《设计结合自然》（Design with Nature）一书，于1969年出版，至今仍在印刷，掀起了全世界景观实践的革命。基于对任意给定场地现有自然和文化因素的详细分析，麦克哈格阐述了一种设计方法。他坚信对于一个特定场地，生成生态和文化上都适宜的设计，一种严格、详细和冷静的场地分析是必需的。麦克哈格说艺术家的自我在设计的过程中无足轻重，相反场地总能告诉设计者它想要成为什么样子。具有讽刺意味的是，尽管在这个行业中麦克哈格是拥有最健全的自我感觉者之一，但他却主张谦虚地聆听自然，并尊重任何给定场地所带来的主要场所感。

一个维萨肯公园的故事

1980年代，我和合伙人迈克尔·奈恩（Michael Nairn）、安妮塔·托比·拉格（Anita Toby Lager）共同创立了一个景观设计公司——南街设计公司。我们的项目中有一个是为位于市中心的宾夕法尼亚州东南部计划生育组织的费城中心总部设计一个入口庭院。由于该庭院要做成一个市中心的康复花园，所以我们以场地附近流经费城费尔蒙特公园（Fairmount Park）的维萨肯（Wissahickon）河为设计的依据。17世纪初，在欧洲移民到来之前，一个美国原住民部落德拉瓦人（Lenni Lenape）居住在维萨肯流域。从那时起这条小河一直被人们敬奉为精神给养之所。我们想把它的一些治愈能量带到费城市中心。

我们设计了庭院的铺装样式，用以表现维萨肯河蜿蜒的几何形状——不只模拟它的形式还有其生成过程。一个自然河流中蜿蜒的形态是侵蚀和沉积作用不断变迁的结果。

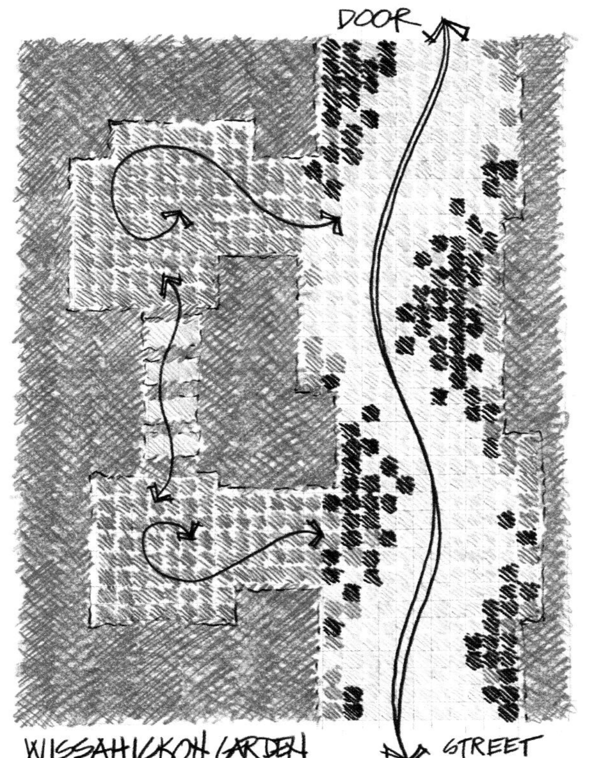

在他的设计研究图和建成花园照片中，展示的是宾州东南部计划生育组织的费城中心区总部的入口庭院，这里有一个受蜿蜒溪流形态启发而设计出的铺装图案。

水流经河湾时，河流外侧水流更急，它会冲走土壤，而在内侧由于水的运动距离较小所以流动更慢，于是沉积物就分离了出来。经过很长一段时间之后，河流向左右迂回曲折得越来越远，河湾也就变得越来越明显。

我们提取出这个蛇一样的形状并在这个小庭院的铺装模式中重现了它。整个花园的红色花岗岩铺装代表费城的红砖，而灰色花岗岩铺装则象征维萨肯的水系。曲线内侧的黑色铺装暗示了土壤沉积的过程，而没有黑石铺装的外侧则暗指快速流动水流的冲刷作用。

当放下想要控制一切的自我，而遵循自然的模式，会发生一些有趣的事情，而这个项目也不例外。通过费城百分比艺术（Percent for Art）项目，艺术家瓦莱里·乔丹（Valerie Jaudon）受邀为花园设计一个篱笆。尽管我们完全各自独立地工作，但她所完成的设计看起来好像我们曾密切地相互合作。我们团队选用的植物材料均是乡土植物。我们把这些植物布置得好像它们在自然森林中所呈现一样，包括冠层、林下开花植物层、灌木层和地被植物层。在从来没有看过我们的设计方案的情况下，乔丹所设计出的栅栏也包含着一个当地森林分层结构的概念。当时这使我非常惊讶，但从那时起，我发现类似的一致性以令人惊讶的规律性出现。当你受自然启发开始工作的时候，花园几乎就像有自己的想法，并开始进行自我设计。我慢慢意识到，在相当程度上，麦克哈格的思想是正确的。找到一条规避自我的道路是有用的。然而，艺术家的方法仍是必要的：强调自然的模式与过程，并将其以游客喜欢的形式展现出来。

在计划生育（Planned Parenthood）花园建成后多年，当我在特拉华大学教景观设计时，带着一群学生参观来这个地方。我们聚集在院子里，我给大家讲述设计如何产生的故事。我刚刚解释到，尽管自然可能启发了花园的设计师，然而大多数游客并不了解其过程。他们会享受花园的美景，也许还会受益于其治愈的能量，但他们未必熟悉整个维萨肯故事的细节。我刚说到这里，前门开了，接待员走出来到院子里问我们在那儿做什么。我忘了提前打电话告诉他们我们要来，忘了如果人们成群自发地聚集在他们前门他们一定会感到紧张。我对自己没有提前告知道了歉，并解释说这是景观设计学生在研究这座公园。

“哦，好的，”她说，似乎松了一口气。“你知道这个花园全是关于维萨肯（Wissahickon）的治愈能量的吗?”我惊呆了一会儿，然后我们都大笑起来。学生们说这肯定是我提前安排的噱头，但我跟他们保证，这不是事先安排好的。我当初没想到这座园林中的人的因素，以及讲故事是人的天性之一。我们都学习了重要的一课，那就是受一个有意义的叙事的启发，花园可以成为一个人们聚在一起彼此分享其故事的地方。一座园林不只是一堆艺术化布置的植物和其他要素，也不只是对自然简单地重现。它是人类记忆和情感的源泉。对于那些居住或工作在那里，以及那些仅仅来游览的人们而言，它拥有自己的叙事感和自己的意义。

带射线的婴儿

1980年代末我开始成为一个画家，在那些作品对我有所启发的人当中，凯斯·哈林（Keith Haring）的地位非同一般。我喜欢他大胆的图形、幽默和他所运用的强烈色彩。他作品中的形象来自街头，或涂鸦艺术家，但他将其转化成艺术。他很孩子气并且爱玩儿，他的作品搭起了多种文化边界之间的桥梁。其中我最喜欢的画作之一是《带射线的婴儿》（Radiant Baby），画作展现了一个侧面跪趴着，被四周由向外放射的线包围着的婴儿。我称之为“带射线的婴儿”。哈林是从标签游戏（game of tag）中获得这个标志性符号。在1960年代的核时代中，你追逐并捉住另一个玩家，把你的“辐射”传染给他们。这张图片说明了我们如何通过建立有意义的彼此联系

我第一次学习如何绘画时，画家基斯·哈林（Keith Haring）给予我许多灵感，当他死后，我在宾夕法尼亚州家的草地上割出这幅画以表对他的悼念。《光芒四射的婴儿》是他的一个标志性作品。

来传递能量。在凯斯·哈林工作室的官方网站上（www.haring.com），有一篇题为“凯斯的孩子（Keith's Kids）”的文章，安德烈·柯丁顿（Andrea Codrington）引用了哈林1986年的日记：“‘婴儿’之所以成为我的标志或特征，是因为它是人类存在最单纯最纯积极的经验。”

哈林因艾滋病于1990年2月去世了，他的去世给我带来了很大的打击。那个春天，我把小割草机推到家旁边的草地上并发动了它。草地上的草当时大约有六英寸高，作为对他给我带来所有灵感的感谢，我像使用画笔一样用割草机画了一个巨大的“辐射婴儿”的图案。这幅草地上的“画”两端之间距离大约100英尺，它从割草机中自然而出，就好像某种来自草地的力量在引导整个事情一样，这让我惊讶极了。我在修剪出的条纹上铺上新的稻草，以和绿色的草地草形成更强烈对比。然后那些干草就躺在那里仰望着天空，直到周围的草又长了起来，逐渐把它掩盖起来，带它返回大地。

修剪好悼念哈林的作品后，我又开始思考罗伯托·布雷·马克思如何将地面作为巨大的画布在上面绘画，我希望自己能有机会在公共场所做同样的事情。几年后，我接到我朋友哈里特·文茨（Harriet Wentz）的一个电话，她是个园林设计师和艺术家，当时也是布兰迪韦恩山谷协会（Brandywine Valley Association）的麦瑞克保护中心（H. E. Myric Conservation Center）的教育协调员，这个中心在宾夕法尼亚州东南部我的住所附近。哈里特当时已经说服协会的领导考虑举行一个环境艺术展，然后她邀请我顺便去找她，看看我们一起能做点什么。我的另一个朋友安妮·霍金斯（Annie Hawkins），是一个在当地艺术圈很受欢迎的讲故事的人。由于我一直在寻找与不同类型艺术家合作的机会，所以我建议说也许可以把安妮的创造性能量带到这个混合体中，哈里特同意了。

艺术可以带你去许多地方

1994年的早春，安妮、哈里特和我创造了“玉米心”（Corn Heart），一个大地艺术和讲故事的空间。布兰迪韦恩山谷协会借给我们自然中心停车场附近一片位于斜坡上的草地。我们说服周边的一个农民耕出一块心形的地。一位在特拉华大学的同事捐赠了玉米种子，然后我们招募了一群志愿者人工种下了这些种子。我和艺术家合作时总是能学到一些东西，安妮教会我很多关于艺术家如何在景观中进行创作的知识。

正如每个认真负责的景观设计师所应该做的，我提议我们以做场地分析开始创作的

当安妮想出玉米心的概念时，我立即开始在我的工作室忙着画心。我画了很多心形，这个过程中我甚至没有停下来思考或深入研究心的形状。每张图似乎都有自己的独特的个性。

过程。站在山坡上，我运用了在研究生院学到的“千层饼”方法。那时我仍旧大量使用伊恩·麦克哈格的方法，用这种方法你总是从一份细致的清单开始的。你要研究土壤和水文，然后画图来记录他们在土地上的模式。你要绘制出现存植被、土地用途，以及所有其他构成场地的自然和文化因素。然后，按照这个理论，当所有这些自然模式一层层叠加起来时（好像千层饼一样），一个设计方案也就开始呈现出来。设计师的自我和创作过程没有什么关系。

所以我就带着底图去项目场地记录所有这些信息，而安妮则在场地中四处走动以捕捉对场地的感知。我绘制了雨水流经场地的方向、太阳在场地中的起落位置，以及周围的树林和灌木篱墙如何围合了这块场地。我画了一些箭头来表示学生们会从附近的森林的哪些位置出来，以及当他们往返教学楼时会走哪条路。我标出了访客会在哪里停车，以及他们观景的有利位置。我全神贯注地沉浸在对场地的研究中，就像麦克哈格会让我做的一样，等待设计方案开始慢慢浮现出来。

我画心的时候，发现这张照片拍摄于1968年的情人节。我做了一个用粉红色的椰子装饰的心形蛋糕。

突然，安妮向我跑来，上气不接下气，她眼中闪烁兴奋的喜悦。

“怎么啦?”我问。

“我明白了!”她喊道。

“你明白什么了?”

她真的很兴奋，几乎喘不过气来。她停顿下来，镇静了一会儿，然后说，“我认为应该设计一个很大的玉米心。”

这句话镇住了我。我内心深处知道，她绝对是正确的。是的，这应该是一个很大的玉米心，一个巨大的心形玉米田。嗯，我心想，场地分析就到此为止吧。我问安妮，她到底从哪里获得这样一个了不起的想法。她回答说具体她不知道，灵感就那么出现了。我心想，艺术家如何做到这一点的？为什么他们看上去就知道该做什么?

我们有两英亩的牧草地来创作，这个制

顶图：我们用小塑料旗帜在场地上围成了这个巨大的心，然后找到一个当地的农民来耕种这块地方。

上图：《玉米心》在不同季节的变化十分显著。在仲夏，我们让《玉米芯》周围的牧草多长了一点，然后用收割草坪的方式做了一个框架图案。

作巨大的心的想法让人兴奋不已。我回到工作室，开始疯狂地画心，数不清的心，画了一遍又一遍。我满脑子都是心形，将它们画出了不同的大小、颜色和风格。我花了好几天时间独自一人待在自己的工作室里，画各种心形然后把它们钉在墙上。每张图似乎都有独特的个性。它们当中有些是开心的，有些是忧郁的——有些甚至看起来是愤怒的或咄咄逼人的。我沉浸在这种体验里，欢乐兴奋得像个孩子一样沉浸在自己的幻想世界里。

在画这些心的时候，我偶然翻看了一些老照片，找到了一张自己在1968年情人节的照片。那时我11岁，手里拿着一个心形蛋糕。蛋糕是我母亲帮我烤的，我用粉红色的椰肉装饰了它。我仍然记得贝蒂·克罗克（Betty

当我和安妮正被一位树艺师的升降车（Hi-Ranger）的升降平台举到空中，她转向我说："看，我告诉过你，艺术能带你去意想不到的地方。"

Crocker）的方法：把面包糊分开，分别放到一个圆盘和方盘中。蛋糕烤好冷却后，把圆的切成两半，然后把方的放在盘子里并让一个角指向自己。把两个半圆放在方形蛋糕上面的两个边上，这就做出了一个心形。我还做过一个中间有心形的樱桃果冻塑料模具，以及一个奇怪的上面沾满心形的手工纸小纸筒。

至于照片中我脸上的表情？嗯，我想我知道小男孩不应该烤蛋糕，特别是形状像心一样的蛋糕。我想很多艺术家和设计师都能认出那个11岁的脸上的表情，那是颤抖的希望。那是在说："你喜欢吗?""我自己做的，你认为这个还行吗?"我记得我妈妈会在圣诞节做的那些糖饼干，而心形的是所有形状中我最喜欢的一种，我还记得我是如何因此被取笑的。"加里喜欢心形，加里喜欢心形!"这太让人丢脸了。但我现在不再是个小孩了，天啊，我要给他们看看喜欢心形的男孩们长大后，在自然中心的大片开敞的原野里能做些什么。

安妮是如此喜爱那张照片，以至于她写了一个原创故事来讲给大家听（一个"口述故事"），这个故事叫作"爱心形图案的男孩"，讲的都是做真实的自己如何美好。这是关于一位不喜欢武器或打猎，却喜欢纺羊毛和缝纫的年轻王子的故事。有一天，他缝了一个心形的被子。他的父亲，也就是国王，发现了被子，并为王子这种很不男人的行为感到心烦意乱，要求他作一个解释。王子回答说：

"父亲，不管我往哪儿看，我都能看到心形。我在云中看到它们，在河流的涟漪里看到它们，在风穿过高高的草丛时吹出来的形状里看到它们。父亲，我明白了，我们所有人的心都编织在一个巨大的挂毯里，包括那些曾经跳动过的，以及那些以后将会跳动的心，通过这些心我看到了世界的无限博大。"

国王被激怒了，王子离开了王国，最终（在王子和国王都经历巨大痛苦之后）国王和王子团聚了，每个人都学到了"人生其实有很多种活法。"在秋收的时候，安妮在玉米心表演了"爱心形的男孩"这个故事。尽管是许多年前的事了，但这仍然是她最受欢迎的故事之一。

在生长季刚开始的时候，我们说服当地农民犁出一个心的形状，然后跟一组志愿者一起手工播种玉米种子。随着我们的"作物"不断生长并成熟，玉米心在不同季节的变化十分明显。那年秋季的一天，我们会见了一名当地的树木学家，说服他带着他的斗式卡车（可用升降臂将人升到高处）去玉米心那儿，以便我们可以升高，从上面观赏这里的景色。当我和安妮正被升上空中时，她转向我说："你看，我告诉过你，艺术会带你去你永远意想不到的地方。"

成千上万的人来参观玉米心，而它给每个人带来的感受是不同的。一些人想起宾夕法尼亚州的传统绗缝广场（quilting square），其他人想起以心形作为常见图案的宾夕法尼亚荷兰人的装饰艺术。一些人发现它是现代工业化农业的一个注释。我逐渐开始明白艺术家是如何创作的。我想起安妮是在宾夕法尼亚州长大的，作为一个艺术家，她在那多年的生活和工作中吸收了许多当地文化。在一个美丽的春日，在布兰迪韦恩山谷协会牧场上，她向山坡打开了自己的心扉，她学到的关于宾夕法尼亚文化一切通过她，来到了这个世界。

艺术家怎么就似乎知道该怎么做呢？我认为这源于实践。你要练习细微的直觉艺术和相信自我内心的艺术。你要向面前的事物敞开自我，暂停你的分析思维。让你的潜意识得以感知自己所有的个人经历，然后留意那些浮现。通常从表面现出来的就是可以与人分享的艺术作品。

培养自我，成为一名艺术家

有意义的花园是个人意识的体现。根据花园作家瓦莱丽·伊斯顿（Valerie Easton）所写："当我们创作具有个人意义的花园时（的确，其他那些花园有什么意义呢？），我们沉迷于神话创作。园艺家们可能认为他们是专注于实践或视觉效果。但我们真的是在大地上讲述故事，书写我们的自传。"有意义的艺术也是如此。

艺术创作的过程中很难不涉及你自己过去的历史。在《灵魂的调色板：用艺术的变革之力绘画》中，作者凯西·玛考尔蒂（Cathy Malchiodi）写道：

艺术的真正作用是启发我们，反映我们的思想以及表现我们的情感。当词汇不足以表达时，我们转而让图像和符号为我们发言。这是一种我们所有内在的通道，以及反思和重估我们去过哪儿、在哪儿、要去哪儿的一种方式。艺术表现远不止是自我表达，它有更惊人的力量。艺术创造力以一种内在的智慧源泉来指导我们、安抚痛苦的情绪，以及让你恢复活力等。艺术创造这种简单的行为滋养我们的内在自我，并将我们与外部世界的关系、社区和自然连接在一起。

玛考尔蒂也允许我们进而把自己称为艺术家："艺术家不是一类特殊的人……而每个人都是一种特殊的艺术家。"她建议我们关注进程，而不要执着于任何特定的结果。

有一回，我参加了艺术家伊芙·拉尔森

（Eve Larson）的一个讲座，她谈到了如何回应成为一名艺术家的渴望。“你的人生轨迹突然转了个弯。”她说，“你心想，我是否要沿着这条路走下去？你并不需要走传统路线才能成为一名艺术家。你只需要称自己为艺术家就可以了。”关于谁是艺术家谁不是的讨论毫无意义。你就把自己当成一个艺术家，继续做与艺术相关的活动就好了。

第2章　建立视觉词汇表：形状、形态和模式

对于园林设计的目的，我认为我们所生活的世界是由很小的一系列基本图形、形式和模式构成的。我还没有做出一个囊括所有自然界中所有形状、模式和形式的详细目录，但是在这里我通过我工作中的观察与反思来讨论那些相关内容。毋庸置疑，宇宙所涵盖的内容比这个小目录更复杂多样,但我觉得从一个艺术家和设计师决策的角度来看，将其简化是有利的。思考所有存在的复杂面向可能会保持一种奇妙和神秘的感觉，并有助于你保持谦卑。但如果真正地想设计点什么，最好还是把你的视觉词汇缩减至一个实际可操作的范围内。

乡土景观中的模式为设计提供了灵感。这是一个伯德·约翰逊夫人野花中心的儿童花园中的马赛克砖图案的研究，它画着乡土植物小悬铃花（*Malvaviscus arboreus var. drummondii*）的螺旋卷花瓣。

限定视觉词汇有助于理解我所看到的东西。我所感兴趣的是使用艺术家的工具和技术来研究自然界中的复杂模式，为艺术和设计寻找灵感。艺术家（尤其是那些从事抽象工作的）所关注的是根据其内在形式来理解复杂图像。他们可能会受到现实场景、物品，或人物的启发，但并非为了生成一个主体的图像化再现，他们会夸大或使它风格化来传达它的本质特征。其主要目的是传达某种意义、感觉或情绪反应。在园林设计中，你可以选择自然景观作为灵感的源泉，将它的基本形状和模式抽象出来创造一个花园（甚至在形式上并不特别自然），正如自然生态系统一样，极其美丽而又能够滋养人们的心灵。

我总是邀请我的学生修改和扩充我教给他们的词汇表，甚至创造出自己全新的词汇表,一个对他们来说合乎情理、有助于他们建立与自然世界的视觉联系的词汇表。有许多形状、形式和模式超出了我所创造的词汇表，但是有些我还是很满意的。

形状和形态

圆形、正方形和三角形是三种最基本的形状。它们也有一些微妙的变体，比如椭圆形和矩形。但就我而言，这两种形状真的只是圆形和方形简单的拉伸。更复杂的几何形状，比如星形和六边形可以被分解为若干三角形，而一个八角形则是一圈交替的三角形和长方形，中间是一个正方形（即使正方形也可以简化成三角形）。除了这些几何图形，有机或变形虫似的形状也是常见的，尤其是在自然界。

在几何中，我们也谈论点、线、面。上面所谈到的所有形状都是由这些元素组成的。线条形成了形状的边界，带角的形状有一些线相交于特定的点。除了定义形状，线条的各种不同组合也可以构成符号，如星号或加减符号。与形状和点一起，它们构成了每种语言的所有字母。

面是一个平的表面，但我们生活世界是三维的。形状有两个维度，而形态有三个维度。我们穿行其间的世界是由三维的形态以及它们之间的空间所组成的。此外，物理学家们描述了四维、五维，甚至更多维的世界。有人说第四个维度是时间，但数学家把第四个维度描述成空间的，而不是时间的。为了便于讨论，我们还是遵循三维空间的理论，虽然时间元素在花园设计中至关重要。这一点我在后面会细讲。

如果你有兴趣深入研究各种不同维度的世界。我推荐埃德温·A·阿伯特（Edwin A. Abbott）的1884年的中篇小说《平面国》（Flatland），这是对只存在于两个维度上的世界发人深省的探索。作为一场真正的思想盛宴（但也轻松易读），它挑战了我对我们所知世界的看法，为思考其他存在形式提供了一个机会。这本书的首次发表是匿名的，因为阿伯特所写主要是批评维多利亚时代的阶级歧视和其他偏见，但它也是对更高等数学一个相对容易理解的探索。在1983版序言中，艾萨克·阿西莫夫（Isaac Asimov）写道，“至今为止，这可能是介绍维度感知方式的最好的一本书。我们由此理解了为什么这些居民……不仅无法理解他们对世界认知的局限性，而且会被任何鼓励他们超越这些限制的企图所激怒。”对那些不愿考虑其他存在方式的人，《平面国》可是一种强烈的批评，在考虑园林设计中这也是关键的一点。

虽然我们生活在一个三维的世界里，我们通常使用二维图像来描述它。例如，这本书充满了那些尽力地去描述三维空间的二维图纸和照片。为了更全面地描述现实世界，你必须添加球体、锥体、立方体、四面体（一个三维三角形）来补充你的视觉词汇。我不知道三维的阿米巴变形体应该叫什么，难以名状的一团么？但这很重要，因为有机形态组成了园林的大部分和几乎全部的自然世界。

大多数庭院建筑，尤其是那些经常令人产生反感的术语“硬景观”，历来都是用这相当小的一组几何形状和形态创造出来的。几何图样确实存在于自然之中，但是其中大多数只出现在微观层面。自然世界主要由有机形态所组成，但是今天，尤其是在建筑背景的设计师所设计的园林中，几何图样往往主宰了人工景观。大多数设计师与自然世界的关系究竟是怎样的呢?

模式

人类大脑众多功能中，有一种通过理清混乱和识别模式来帮助我们理解我们环境。尽管一个典型的人类大脑大约有1000亿个记忆存储神经元和1夸特的数据传送突触，但是它并不能达到储藏我们日常生活中所有数据的容量。我们接触的信息必须简化成各种模式，这些数据才能得以有效地理解和存储。一个朋友可能曾经通过电子邮件发给你一句话，只要单词的第一个和最后一两个字母在对的地方，你就可以识别它们。这是因为你

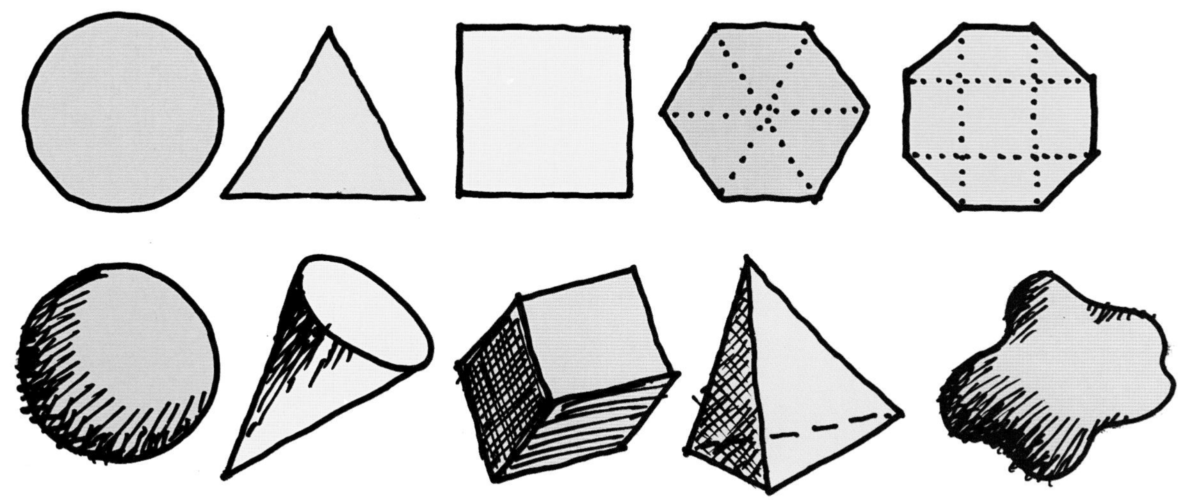

圆形、方形和三角形是三种最基本的形状。他们也有一些微妙的变化，比如椭圆形和矩形。但是对于我来说，他们只是圆形和方形的简单伸长。更复杂的几何形状，比如星形和六边形可以被分解为一个个三角形，而一个八角形则是三角形和正方形交替成环而成的，正方形在中间（甚至一个正方形可以减少为三角形）。除了这些几何图形，有机或变形体也是自然中常见的形状。

的大脑是看到的是总体上的模式，而不是细节。

在《思维的魔力》(An Alchemy of Mind) 一书中，黛安·阿克曼 (Diane Ackerman) 介绍了我们生活中模式的价值。

“模式让我们高兴，它赐福给被复杂性吸引而又弄得筋疲力尽的思维。我们渴求模式，而且习以为常地发现我们周围处处都是模式，在花瓣、沙丘、松果以及航空尾迹中……我们的建筑、交响乐、衣服、社会都表明了某种模式，甚至我们的行动、习惯、规则、仪式、日常生活、禁忌、荣誉守则、体育运动和传统，它们让我们相信生活是稳定的、有序的和可预测的。”

就像我们仅需运用相当少的一组形状，我们需要使用的模式也不是很多。对于园林设计，我建议使用9个基本模式：分散、镶嵌、自然漂移、蜿蜒、螺旋、环形、射线、枝状和断裂。这些模式可以用来描述几乎所有存在的事物。通常当你探索自然世界时，你会发现两个或更多的模式相结合可以创造出丰富的视觉图像。对于我们大多数人来说，我们的大脑感知超过两个以上的模式会感到

当冬季的寒冷与风吹开了树叶，水牛瓜 (*Cucurbita foetidissima*) 的分散模式就显露了出来。它们生长在新墨西哥州圣达菲市的利奥诺拉科廷湿地保护区 (Leonora Curtin Wetland Preserve)。

在佛罗里达州奥兰多附近的沃特·迪士尼世界，未来世界主题公园是它的一部分。这些串起来的灯泡在被挂到树上之前摆在了草地上。即使灯泡均匀地沿着电线分布，当这些电线被并排的摆开时，它们还是形成了一个有机的模式。

困难，所以在园林设计中，无论任何特别的创作，通常最好限制自己只运用两个（也许三个）模式。

分散

把一把弹珠扔到空中，看着他们下落到客厅的地毯上，你会看到典型的分散模式：一个元素在水平面上显然以一种随机的方式重复出现。分散模式出现在自然界中许多地方，但其排列通常没有设想的那么随机。模式是过程的结果。例如，落叶由于几个简单的因素在地上构成一个分散模式。当树的叶子完成了它对树的使命时候，就会形成分离层，使叶子从茎上脱落。地心引力使叶子落到地上，每片叶子的加速度都根据其表面积和特定的空气阻力而各不相同。气流影响了下落时的叶子的水平方向的运动,而且树越高，叶子到达地面的路程越长。任何特定的分散模式都取决于类似的一组变量。

一些分散模式中的元素会聚集成组团，这些组团之间会有大小不一的空隙。这种组

如果你只关注这些乡土植物加拿大山茱萸（*Cornus canadensis*）的花，你看到的是一个分散图案。如果你扩大你的视野范围的，看到所有加拿大山茱萸的花朵和叶子、蔓越莓、戴帽苔藓、乡土草本植物，便出现了一个镶嵌模式。

混交林里各种树木所落下的叶子在森林地面上产生了一个镶嵌模式。

团—空隙模式出现在许多地方和许多不同的尺度上，小到如针头上的灰尘一样，大到划过天空的星星。

镶嵌

当两个或两个以上的有机体占据同一个空间时，就形成了镶嵌模式。通常，在一个元素组团之间的空间会被其他元素的组团所占据，但有时他们也会混合在一起，共处在同一个空间。组团和空隙尺寸各异，所以镶嵌模式的某些部分可能会由一个元素主导，而其他部分可能达到所有元素相对来讲势均力敌的平衡。组团也具有不同的形状，所以整个镶嵌模式可以有很多变化，这取决于每个有机体的具体特征。

在一个典型的混交林地，在森林地面的任意指定地块上，五六个不同的树种可能会贡献分散的叶子而形成一个镶嵌模式。各种叶子往往在其母树下密度较大。橡树叶相对较重，所以它们通常会落到母树附近。枫叶轻一些，所以一阵微风可将它们散播得更广泛。一阵大风可能会将一棵树大多数的树叶吹落到远离母树的区域。山毛榉树整个冬天都还有大部分的树叶，所以森林地面上的镶嵌斑块可能只包含很少山毛榉树的叶子。

活的有机体通过竞争或配合创造镶嵌模式，以占领空间或消耗任何可用的资源。在一个草本草甸中，野花和草的拼接分布受各

潮汐池提供了许多探索镶嵌图案的机会，这张是缅因州海岸的潮汐池。

在一个湿地生态系统中，数量有限的适应物种能创造一个特别清晰的镶嵌模式。多种环境胁迫（如非常高或低的土壤PH值、周期性的燃烧或干旱）会导致在景观中较为夸张的分布模式。

种自然因素共同影响，如土壤类型、水分和养分的供给以及种子传播途径。在资源丰富的植物群落中，物种多样性高，镶嵌模式也可能非常复杂。随着复杂性的增加，我们辨识镶嵌模式变得更加困难。

在资源有限的生态群落中，物种多样性低，模式也得以简化。一场草原火灾耗尽了有机物，多年的反复燃烧更使土壤变得相对贫瘠。因此物种构成减少，仅选择能够承受周期性的燃烧，并能够在养分极少的情况下茁壮成长的植物。在其他类型的生态系统中，一些因素限制了物种多样性。例如，低土壤pH值有利于喜酸性植物，这也是在大雾山（Smoky Mountains）山脉的花岗岩山脊附近能看到大片的杜鹃花与山月桂构成的简单镶嵌模式的原因之一。在洪泛区附近，湿地有很清晰的镶嵌模式，那是因为物种多样性仅限于那些能够耐受其土壤中高湿低氧环境的植物。

在丹佛植物园展出的罗德水智能花园（Rodes Water-Smart Garden），由劳伦·普林格·奥格登（Lauren Springer Ogden）设计，它突出了乡土和耐旱植物。镶嵌模式被夸大以创造戏剧性的展示效果。在植物物种和品种的复杂多样下，颜色、质感和模式的重复创造了一个很强的统一感。

在丹佛植物园的劳拉·史密斯·波特平原花园（Laura Smith Porter Plains Garden），是一个人工管理下的乡土多年生植物和草本植物的草甸。其镶嵌模式比起罗德水智能花园更微妙，更像是你会在一个自然生态系统中发现的那样。

在芝加哥千禧公园的卢瑞花园（Lurie Garden），是由古斯塔夫森·格思里·尼克尔有限公司（Gustafson Guthrie Nichol Ltd.）的皮耶特·奥多夫（Piet Oudolf）和罗伯特·伊斯雷尔（Robert Isreal）设计的。它是一个大胆的抽象，象征着广袤的美国中西部的平原草甸。

自然漂移

当你把一把弹珠垂直扔在客厅的地毯上时，就会产生分散模式，但若把它们斜向扔出来，就会创造一个自然漂移。靠近源头处元素会更多，随着与源头的距离增加元素会越来越少。靠走茎传播的植物常常能产生这种模式，在美国西南部干旱土地上的龙舌兰（agaves）和丝兰（yuccas）就是这样，但最常显示出自然漂移模式的植物是那些靠鸟类传播种子的植物。

想想看常见的北美圆柏（*Juniperus virginiana*）的典型自然漂移：一群雪松太平鸟会栖息在果实累累的植物上，靠浆果喂饱肚子。太平鸟的消化系统似乎能够很快消化这些果实，将果肉和种子分开；当鸟飞起来，要飞到另一棵树时，它会喷射出裹在一小团肥料中的一小包种子以减轻其负担。短短几年之内，这些种子将长成另一棵结满果实的北美圆柏，然后一只鸟会再次落在其枝头继续种子的传播过程。在一个北美圆柏的自然漂移模式中，我想你可以认为，树和树的间隔就像小鸟所能喷射的那么远。

这种鸟类传播的模式不会是单一方向的，正如你把一把弹珠扔在地毯上一样，它会向各个方向向外延伸。在一个倾向于以自然漂移模式传播种子的许多植物的组合中，各个物种会以多样的方式交叉，创造出非常丰富和多样的景观。在园林里，你可以使用这种模式来获得美的效果。

在缅因州海滩，甲壳动物（Barnacles）附着在一块岩石上，它们在底部聚集而往涨潮水位线方向逐渐变得稀少。

在中大西洋沿岸平原的弃耕地生态系统中，经常有北美圆柏（*Juniperus virginiana*）和宾夕法尼亚杨梅（*Myrica pensylvanica*）在一起。在这里，在鸟类散布种子的作用下，两个物种混合在一起形成自然漂浮模式。

在图森市外的亚利桑那州索娜拉沙漠博物馆（Arizona-Sonora Desert Museum）的沙漠草原，一个自然漂移模式下的帕尔默龙舌兰（*Agave palmeri*）和沙漠勺（*Dasylirion wheeleri*）生长在野草、蓝色格兰马草（*Bouteloua gracilis*）和甘蔗须芒草（*Bothriochloa barbinodis*）中间。一株加州紫檀（*Vauquelinia californica*）在场地中间占据了中心位置。

上图：在一个德州农场的入口小路附近，有一大片龙舌兰（*Agave Americana*）和丝兰（*Yucca constricat*）蜿蜒在精心设计的自然漂浮模式区域内，旁边有一堵石墙和得克萨斯州红橡树（*Quercus buckleyi*）灌木篱。

右图：在宾夕法尼亚州韦恩的香提克利花园（Chanticleer Garden），一条青石步道与一条沥青道路连接，铺路石与沥青形成了一个自然漂移模式。

蛇形

蛇是人类文化中最古老和象征强有力的标志之一，它在自然景观中得以大量表达。它是自然最常见的形式之一，从爬行动物到河流、从森林和湿地之间的边缘到沙丘的顶部刀割似的脊线所有东西中都可见其踪影。在北美，高空急流使得整个大陆的天气系统沿着蛇形路线不断波动。阴阳符号就是用一个简单的蛇形线把圆平分而成的，代表了相互对抗却又互补的自然力，实际上每种自然力都需要另一个自然力才得以存在于自然界。蛇形线也就是19世纪的英国画家和美学家威廉·贺加斯（William Hogarth）所说的“美之线”。这是一个对人眼来说最令人愉悦的模式之一。

我第一次拜访韦恩（Wayne）和贝丝·吉本斯（Beth Gibbens）是在他们弗吉尼亚州中部皮德蒙特狩猎区的茵尼斯弗利农场，当我看到他们的蛇形栅栏蜿蜒穿过田地和围场时，我就知道我找到了志趣相投的人。这个区域大多数的围栏是垂直于地界线的，所以牧场往往是矩形的。但韦恩和贝丝却不像他们的邻居，他们把栅栏设计成蛇形以强调当地地形之美。通过进一步使用曲线，我们为他们的农场做了一个总体规划，其中包含了他们所说的“日常游线”，一条横穿地块的蛇形步行小道。

这是我房前的车道上看见的一条蛇，蛇是蛇形模式的名称由来。

密西西比河支流的这张鸟瞰图展示了蛇形模式是在一个宏大的尺度下自然产生的。

上图：当我第一次拜访在吟斯弗瑞（Innisfree）的韦恩和贝丝·吉本斯时，我参观了他们在弗吉尼亚州中部的皮德蒙特狩猎区（Piedmont hunt country）的农场。当我看到他们的蛇形栅栏蜿蜒穿过田地和围场时，我知道我找到了志趣相投的人。

右图：这是铺设“每日短途旅游”道路的过程，我会将小旗沿着弯曲的边缘插成一条蛇形曲线，韦恩接着将用割草机沿着它割草。

牧场草长大时，道路的蛇形曲线变得更具表现力。这种技巧的美妙之一是作品的外观每年都在变化。

上图：可以看到在加利福尼亚州圣马力诺（San Marino）的亨廷顿植物园（Huntington Botanical Gradens），蛇形线被19世纪英国画家和审美学家威廉·荷加斯称为“美丽之线”（line of beauty）。

右图：在加利福尼亚圣迭戈的这个公园，这条道路通过一个简单组团的草坡，形成了一个蛇形模式。由玛莎·施瓦茨及合伙人事务所设计。

螺旋

作为另一个最古老和最受崇拜的人类符号，螺旋在全世界的文化图腾中具有重要意义。有很多关于古代文化中螺旋的意义的学术探讨，在古文化中它们可能象征着太阳的能量、女性生命的力量、季节的循环演替，以及变化。如今，螺旋仍继续蕴含着各种深刻或无足轻重的意义。在动画和电影里你会看到旋转的螺旋被用来表示头晕或其他被改变了的意识状态。阿尔弗雷德·希契柯克（Alfred Hitchcock）经常使用螺旋来增强一种焦虑或恐怖的感觉，其中最著名的是在电影《迷魂记》（Vertigo）中，螺旋的图案甚至出现在电影海报中。

螺旋在自然界中无处不在，它出现在贝

壳、向日葵、河流漩涡和蕨类植物的嫩芽中。螺旋体（helix）是一种三维螺旋，就像龙卷风、螺旋楼梯和木工的螺丝钉中的螺旋。我们胳膊和腿的主要的骨头首尾两端轻微地螺旋形旋转，就像许多树的树干和主要的树枝一样——它是我们人类与树的共通点之一。双螺旋存在于我们的脱氧核糖核酸（DNA）中，它携带着决定我们的发色、体型以及指纹模式信息。许多植物的叶子和花绕着一个主茎上呈螺旋状分布。

我受邀为得克萨斯州奥斯汀的伯德·约翰逊夫人（Lady Bird Johnson）野花中心里的新儿童公园为一组本地植物设计一个装置，这些植物部分有螺旋结构或者呈螺旋形态。因为很多学校团体会参观这个野花中心，而且教员想教授尽可能广泛的主题，我们决定把数学列为教案的一部分。我提出了一个围绕和穿过螺旋植物的螺旋石墙的方案，它低而宽，足以让人行走在上面。墙上会贴上五彩缤纷的碎瓷片马赛克来描绘叶子和花朵，包括那些没有出现在学年内的，以及与螺旋形态相关的符号和数学方程。这个蛇形主题的集合甚至包含了一个数字呈斐波纳契数列排列（Fibonacci sequence）的跳房子游戏，这个数列是以13世纪意大利数学家列昂纳多·斐波那契（Leonardo Fibonacci）命名的，每个数

双螺旋细沟是中央水景花园的一部分，20世纪20年代的具有阿梅利亚伊丽莎白和玛莎根白历史性的花园，在新墨西哥州圣达菲。

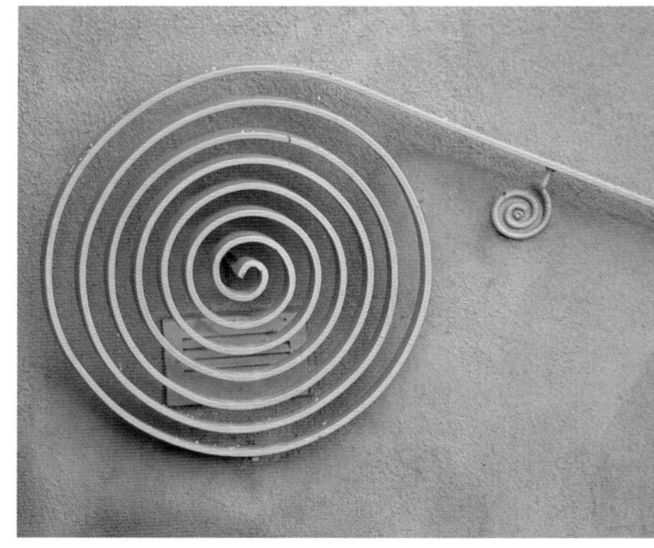

在新墨西哥州的一个现代风格的花园中，使用了一种螺旋形的扶手顶部。

左图：许多植物有螺旋模式，比如这株芦荟（*Agave parryi var. huachucensis*）。

下图：在位于得克萨斯州奥斯汀的伯德·约翰逊夫人野花中心有一个儿童花园，一截截螺旋形式的矮墙将会环绕一个乡土植物的组合，这些植物有着螺旋的叶、茎、花或果。

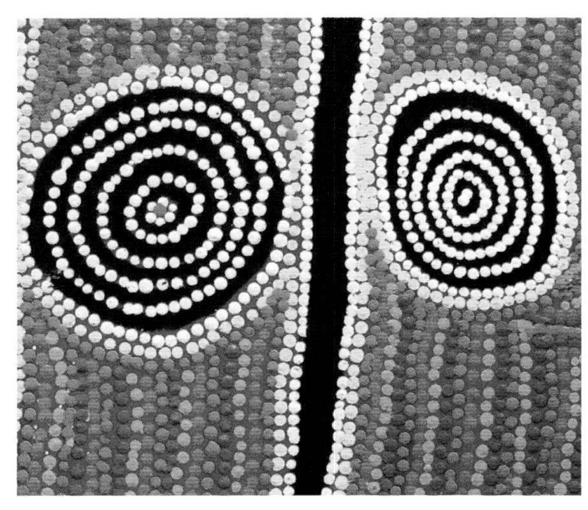

在澳大利亚土著点绘画中，比如玛吉·罗斯画的《爱梦》(如图所示其细节)，同心圆象征着神圣场所。

字是前面两个数字的总和(1，1，2，3，5，8，13，21，34，55，等等)。斐波那契螺旋在数学上跟该数列相关，可以在许多植物的叶片、种子和花的排列中找到。

圆

当你将一个卵石扔到静止的水里，涟漪会向外移动形成一系列完美的同心圆。太阳系中行星绕太阳沿近似于环形的轨道运行。圆经常出现在古代以及现代艺术中，在很多

在纽约哈得孙河流域有一座洛克菲勒庄园叫基魁特(Kykuit)，这是庄园里的铺装，这些同心圆按照分散模式排列着。通过精心设计，这些圆和它们的背景一样都是由相同形状和大小的鹅卵石组成的，圆形提供趣味性，同时它们的质感提供了连续性。

虽然蕨类植物往往以射线模式生长，但当你从这株蕨类植物的顶部看时，这些小叶会组成一个同心圆序列。

文化里它有着许多不同的含义。同心圆象征创造、离心力和向外扩张。在澳大利亚土著艺术中，同心圆代表水塘或其他神圣场所。在澳大利亚中部，库卡加（Kukatja）女人会举行一种仪式，她们聚集在一起脚拖着地绕圈移动。这种动作表面上可以说是“穿刺地面”，它被认为可以通过女性的身体唤醒祖先的灵魂，并把它们带到现实世界。

单个圆形是一个更常见的文化符号，它象征着统一、神圣和整体性。在整个欧洲和北非，史前石环引发了很多关于它们的确切意义和来源的争论。但是当你参观它们时，你不需要任何先验知识以体验它们的转化力量。简斯·杰森（Jens Jensen）是丹麦裔美国景观设计师，在他20世纪初期在美国中西部区域设计那些公园里普遍采用了“议会圆”。议会圆是一个圆形的石头长凳，它是一个让每个人都有平等地位的民主聚会场所。精灵圈，也就是蘑菇圈通常出现在森林中，但开敞牧场也有，它们在欧洲民间传说中很普遍。它们是通向精灵王国的入口，或是小矮人聚在一起唱歌跳舞的地方。

这里有关于景观中圆形的两个对照例子。在格鲁吉亚斯托克布里奇（Stockbridge）的阿拉伯山国家公园，大片的波特向日葵（Porter's sunflower）环绕着圆形的花岗岩空地（左图）。

相反的情况是在缅因州米利诺基特（Millinocket）的百特州立公园（Baxter State Park）的一个池塘中，水面包围着圆形的沼泽草岛屿（右图）。

放射线

一条笔直的线从一个中心点出发形成放射状的模式，像基思·哈林（Keith Haring）的“光芒四射的婴儿”中能量线向外放射一样。这是一个让物质覆盖一个生命系统的有效方式。在植物中，叶或茎的放射性结构是常见的，包括龙舌兰科沙漠调羹（desert sotol）的叶子、仙人掌的刺和马利筋（milkweed）的伞状花序。在没有植被的世界，焰火、马车轮子和海胆也有放射形式。我曾经看到一张中世纪北欧农田的鸟瞰图，细长的农田从中心点放射开就像一个巨大的星爆。这个几何模式的产生是由于深耕犁的发明，这种方法需要多达八头牛拉着犁通过厚重的土壤。调转这么大的团队需要一个很大的半径，所以场地被划分为狭长条带状以减少调转耕犁方向所占用的土地。诸如此类的模式几乎总是经过一个或多个特定的过程演化而来的，这些过程既可以是文化层面，也可以是自然层面的。

枝状

枝状模式是另一种将能量在自然系统中有效输送的方法，它突出了另一个人类和树

大葱花有放射状结构，在多伦多植物园的这株波斯之星（*Allium christophii*）和紫景天‘老妇人’（*Sedum telephium* ‘Matrona’）在一起生长。

在我自己的花园中，一个玩具娃娃的头压在蓝羊茅的中心（*Festuca glauca* ‘Elija Blue’），使得典型的观赏草的放射形态更戏剧化。

上图：在旧金山的金门公园中沿着太平洋海岸生长的大果柏木（*Cupressus macrocarpa*）的树枝呈现出枝状模式。

左图：缅因州山区的老死树，暴露的根部同样呈现出枝状模式。

右图："绿色男子"是艺术领域最古老的符号之一，在许多文化中它以各种各样的形式出现，最早可以追溯到一千多年前。在我的蜡笔画"树人"中，一个男人的臂膀分开呈现枝状模式，象征着人类和树木之间的联系。

下图：流域水系通常表现出一个枝状模式，例如这幅图里加利福尼亚州南部的博雷戈荒地（Borrego Badlands）。图片由布鲁斯·佩里拍摄。

木的紧密联系。维持生命的物质通过树枝和树根输送，如同血液通过我们的胳膊和腿进行循环。一个典型分水岭的排水系统也有一个呈枝状结构的小溪、支流与主流。在雷雨中，闪电的电流呈枝状划过天空。我们自己的电能供给，即中枢神经系统，也是枝状的。神经的健康和持续发育要使用一个所谓的树突分枝,字面上说是“树的分枝过程”，良好的神经发育需要这个系统的不断生长，而这个过程就是被不断接触的新思想和活动所激发的。所以当你读到这些话时，我希望你至少正在经历一个小的树突分枝过程。

破碎

一个破碎模式的产生是在如压力、张力或收缩力均匀地作用在一个均质区域时产生的，就像一层泥土干裂一样。当树木生长、树干扩张时，树皮可以分裂成一个破碎的模式。在日本乐陶器上的裂痕釉是由于当它们在温度最高时把他们从窑中拿出产生的。快速冷却和由此产生的热冲击导致釉迅速收缩，形成了一个美丽的破碎模式。在一个露台上，将不规则的石头砌在一起时，可以创作出一个破碎模式。我在园林中最享受的时刻就是用破碎的瓷砖来制作五彩的镶嵌模式。

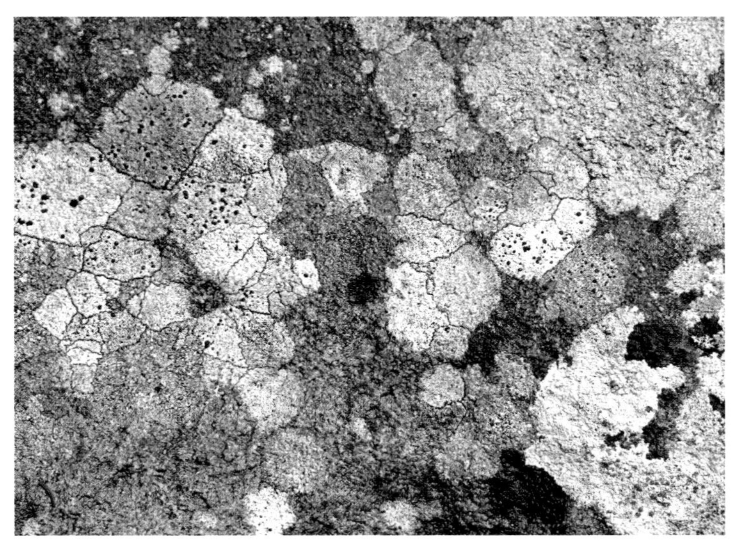

上图：一些长在新英格兰海岸岩石上的地衣，已经因各个独立斑块的扩张和收缩而碎裂开。不同物种相互作用也可形成一个镶嵌模式。

右图：多年来这棵美洲柿（*Diospyrus virginiana*）的树皮因为主干的逐年生长而碎裂得越来越深。

将模式引入设计

当你在花园设计中应用这些模式时，记住在自然中他们都是由于经历了一段时间的特殊过程形成的。他们不是平白无故出现的。对于植物，枝状模式是由茎的生长和分枝演变而来的。对于一条河流，蛇形模式来自土壤的侵蚀和沉积。如果模式在园林设计中的应用是有逻辑原因的或是表明一个特定过程的，这些模式就会显得特别有意义。使用本地生态系统中出现的模式，这是一种将你的设计和本地场所感联系在一起的方法。然而，奇思妙想并没有错，只要你多变的想法是你意识控制之中的，以及限制你自己在一个设

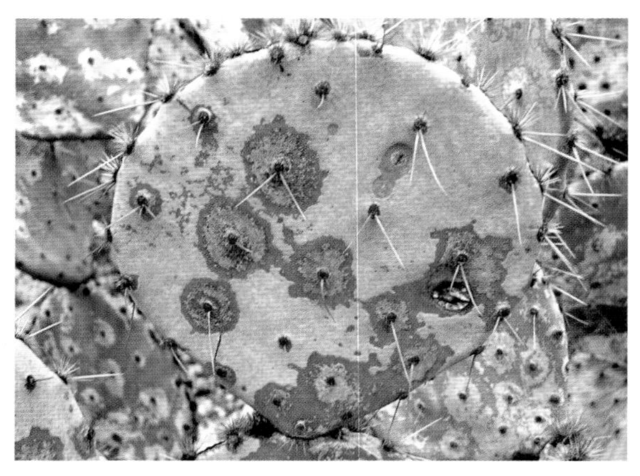

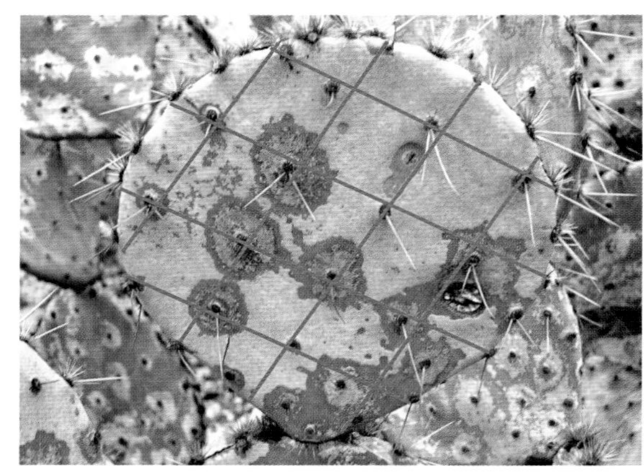

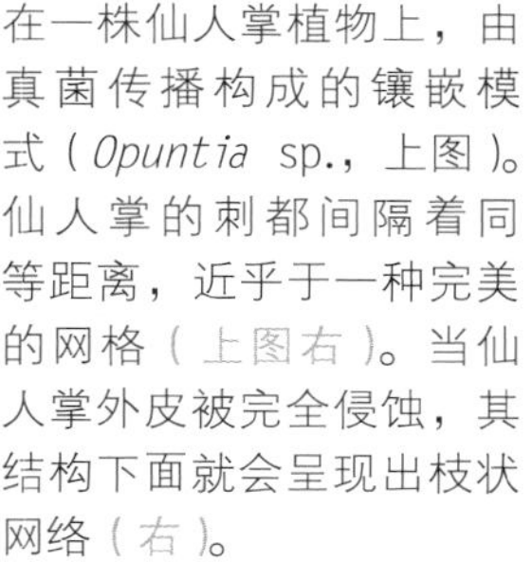

在一株仙人掌植物上，由真菌传播构成的镶嵌模式（*Opuntia* sp.，上图）。仙人掌的刺都间隔着同等距离，近乎于一种完美的网格（上图右）。当仙人掌外皮被完全侵蚀，其结构下面就会呈现出枝状网络（右）。

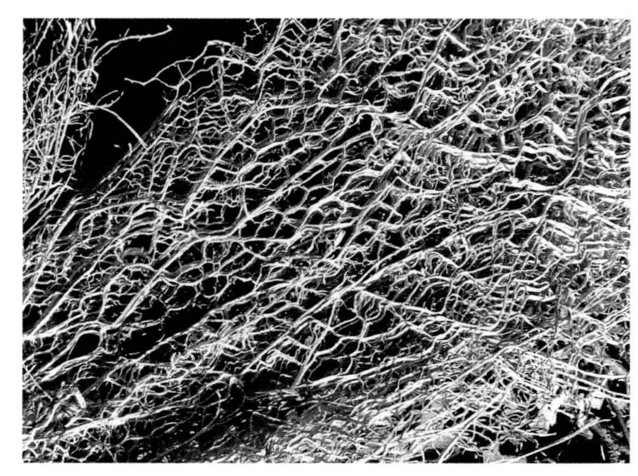

计中使用的模式数量。

因为我们只能一次性处理一定量的视觉信息，相对简单的设计能让我们觉得更满意。种类越少，模式越简单，作品就越有视觉美感。统一性与多样性相平衡的场景会让我们满意。多样能提升兴趣，而秩序使我们更容易感知整体模式。园林设计的基本原则可能是：美等于统一性加上多样性。

然而，植物爱好者在物种多样性面前通常控制不住自己（对各种植物的喜爱）。他们就是喜欢特别多的不同的植物，包括最新的种类和品种。但让我们面对现实吧。你的花园到底需要多少种不同的矾根属（heucheras）植物呢？我很高兴有那么多很棒的选择，但

在亨廷顿植物园（Huntington Botanical Gardens）中金琥（*Echinocactus grusonii*）的布置展示了自然漂移和蛇形模式。

在宾夕法尼亚州肯尼特广场的长木花园，伊莎贝尔·格林（Isabelle Greene）设计了其中的银色花园（Silver Garden），展示了银叶植物能适应地中海和干燥气候。自然漂移模式，加上植物放射模式和银色的重复，为这个多样的布置提供了较强的统一感。

上图：在宾夕法尼亚州韦恩的香缇克利尔花园（Chanticleer garden）的春末时节，一个‘紫色灵感’葱的分散模式布置扫过网球场花园。

左图：在我位于安大略省多伦多市的集装箱花园里，各种银叶植物构成的镶嵌模式被自然漂移模式的蓝色和绿松石色的球给统一在一起。

是除非你是一个矾根属植物收藏家（在这种情况下，你控制不住自己想收集尽可能多的种类），如果你能通过精心选择将植物种类数进行限制，你的花园设计会更加成功。当植物爱好者在一个有限的空间从头开始设计花园，很难在选择多少种不同的植物中保持克制，更不用说品种了。不加控制就容易做出像一碗M&M巧克力豆那样的设计，而更糟的是像一碗M&M豆加上雀巢聪明豆和JujiFruits水果糖，就像是过于疯狂的分散模式。

在一个自然生成的生态系统中，模式会因场地特定的环境条件而简化。你可以将相同的原则应用到一个花园中，只选择那些不需要费劲改变场地条件就能茁壮成长的植物。例如，在干旱地使用抗旱植物，在排水较差的场地选用喜湿植物。如果场地没有环境因素的限制，你可能需要创建一套自己的规则。你可以选择注重本土植物、季相变化、颜色或质感搭配与设计主题相符的植物。在你的花园中寻找一些基本的限制因素，并在选择植物时遵循这些规则，你会更强烈地感觉到作品中的统一感和美感。

在科罗拉多州丹佛的肯德里克湖公园（Kendrick Lake Park）中沙漠植物的一个多样的镶嵌模式，其结构是由轮廓光滑的自然岩石形成（左）。类似的情况是在法国诺曼底的勒·查顿·普吕姆（Le Jardin Plume），被修剪过的常绿树篱为草本草甸建立了一个结构（右）。稳固、结实的树篱丰富了风吹下草丛的相互运动作用。

荷兰园林设计师皮耶特·奥多夫（Piet Oudolf）的“新浪”（new-wave）种植风格，是基于一个较大体量的镶嵌图案，包括多样的多年生花卉、球根花卉和野草。图片所示的是安大略省的多伦多植物园入口。

第3章　速写、颜料绘画和线条绘画：观察的方式

在本科教学中得知一些学生的创作与吸毒有关，我感到非常伤心。在一段时间的思考后，我认定与毒品相关的部分是非法的。在我们的文化中，自由创作的感觉会让人如此自我放纵，就像你正在做你不被允许做的事而不被惩罚一样。跟随我们艺术上的冲动，并享受它们，会产生一个与之相关的愧疚感，而这会使设计过程很难真正流畅。在教学工作室里，我尝试做的大部分事都是创造一个使创造力得以发挥的安全空间。一旦学生试过并发现没有任何负面的后果，他们会更加适应这种有创意的感觉，他们的想法将开始迸发。重要的是找到适合你自己的安全的创作方式，这样你就可以真正沉醉于其中。

在宾夕法尼亚州米迪亚（Media）的泰勒树木园（Tyler Arboretum）的开阔草甸，只要提供一个主题我可以进行不用过多考虑准确性或细节的绘画。我用了相当大的笔刷和简单的颜色，试图捕捉总体的感觉或情绪。

创意流

当你放飞自我时，创新的能量会以最自由的形式流动。自我可以是有益且多产的，只要你留意看住它就丝毫无害。我以前的一个雇主曾叫我到他的办公室去欣赏他的作品。这是我工作的一部分。我记得有一天，他把在最近一次欧洲之旅中画的几十张速写贴满了他办公桌前的墙面。

“看看这个。”他大幅度舞动着手臂。“它们都在这里，都是我。”

多么傲慢，我想，但当时我也觉得我应该同意他。“是的，”我叹了口气，“这绝对都是你。”

但是现在当我回顾这件事，我有了不同的想法。我意识到了他当时的感觉。在他的办公室里，他创造了一个可以完全放纵自己的空间，以培养他自己的创造力。这是充满快乐的自我放纵，而他想与我分享这段经历。现在，我对在设计过程中自我的角色有了更

我在诺曼底一座城堡外的院子里等一个朋友时，我用小的油画棒在纸上画速写。记录椴树林的图案。这个速写需要集中注意力观察10～12分钟，给我时间去探索树干的垂直线条的微妙变化和注意原本网格式种植的树木，其中的一些树枯死了许多年，从而打乱了网格形式，形成了一个更有机的图案。

全面的理解。我认为当时他一点也不高傲，我感激他那时选择邀请我进入那段对话。

我以此方式对待我的艺术作品。虽然其中大多数并不曾与别人分享，但我觉得这对培养自己的艺术追求很重要，这让我感觉很好。我喜欢材料的物性，好的铅笔、颜料和纸张，还有精美的颜料和制作精良的工具。我允许自己和他们玩，就像一个孩子摆弄着一个最喜欢的蜡笔盒。只要我继续享受艺术创作的经历，且不担心它的商业价值，创意流就会持续高速运作，给我作为一个园林设计师的工作带来积极的影响。

有一次我在奥斯汀的沙洲溪绿地画了一张研究树的画，这张画是在一张胶合板上完

在奥斯汀的沙洲溪绿地，我使用丙烯酸树脂画了一张对树的研究的画，是在一张涂有一层白色的石膏胶合板上画的，涂层混合了河床的沙质土壤。

学生制作抽象拼贴画来代表在原生草地中的图案。

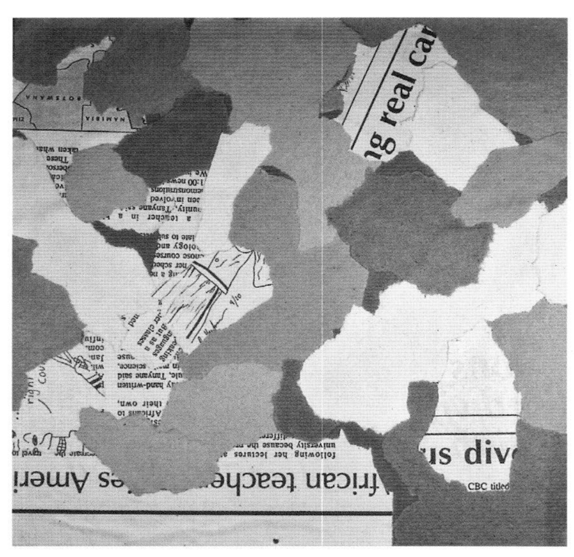

做这个拼贴画的学生需要外加一个颜色，由于只有四种颜色的图画纸，所以她就随手加入一些报纸——这就是即兴创意，这样的做法应该多提倡。

成的，上面涂有一层白色石膏，其中混合了河床的沙质土壤。我从未在沙板上做过画，所以我更严肃对待这个新奇的尝试，粗糙表面带来了一些相当粗质感和富有表现力的笔法。我发现为了保持这种绘画体验的新鲜和不可预测性而做的任何事情都会使我远离写实绘画。对我而言，绘画的意义在于保持创意的流动，而不是陷入准确的再现，应该让绘画引导我用全新的、意想不到的方式去观看景观。

我曾经读过对创作型歌手乔妮·米切尔（Joni Mitchell）的一篇采访，其中她谈起她的绘画。她说，她从音乐得到的钱让她可以在商业世界的约束之外绘画。她不必担心销售如何，音乐与绘画相互维系着彼此。这也是我对绘画和园林设计的感觉。因为我的职业是园林设计，我不必担心自己是否是一名市场认可的艺术家。绘画能提供创意能量，从而支持和激发我作为一名设计师的工作。

幼儿园材料

如果无法把自己看作一名艺术家，你可能是被艺术家使用的材料和技术吓到了，这时你可以假装你是一个孩子。玩耍吧，要玩得开心，像在幼儿园中一样使用这些物品。一个简单记录自然图案的方法是用便宜的硬

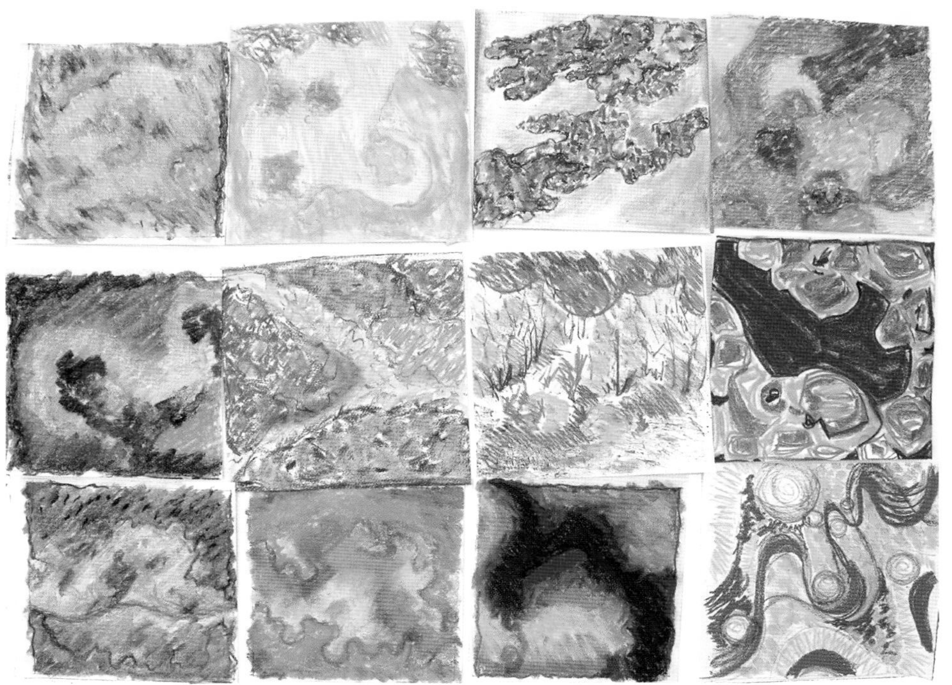

在盐湖城的犹他大学红色丘花园举行了一个设计研讨会，由APLD赞助，我们画小而柔和的蜡笔速写，来抽象表达原生草地的图案，我把其中的12幅聚集在一个网格中。在上面铺了一张描图纸，我开始绘制最终组成的各种形状的一个个图形。

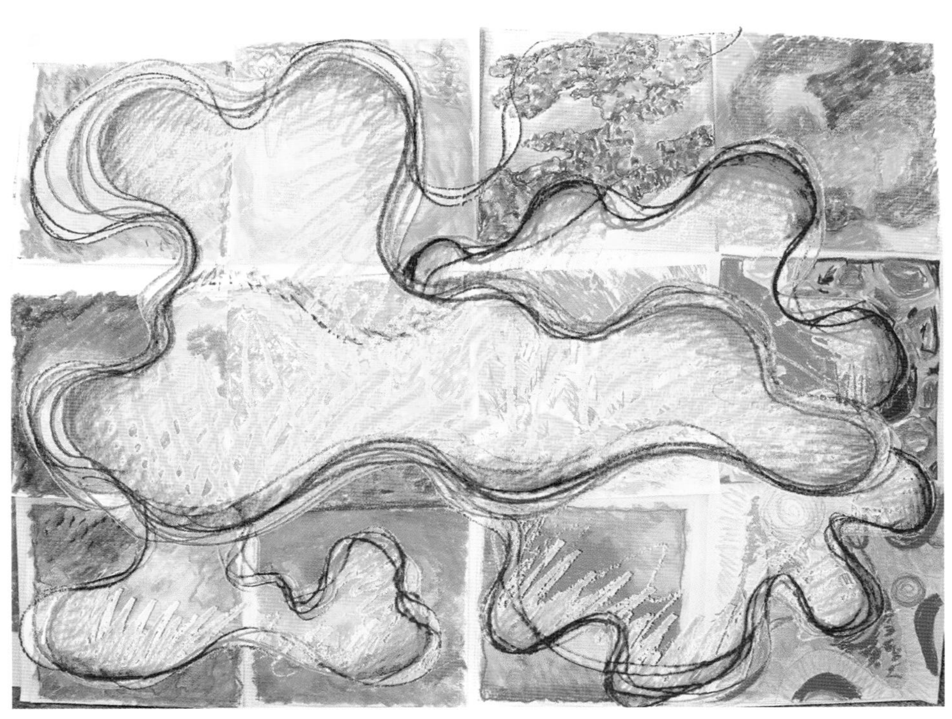

板纸和胶棒来拼贴。组合如下：一张面积为10英寸的纸板、五种颜色的图纸、一个胶棒，以及至少40英尺长的绳子。走到草地上，使用绳子标记出一个边长10英尺的正方形。假装你是在广场上空盘旋并往下看。用手撕开图纸，并用胶棒将他们粘在纸板上来做一个镶嵌模式的视觉记录。你在制作一个草地的地图，一个平面图。不要使用超过5种颜色，虽然草地上可能有超过5种植物。这是为了做一个抽象的镶嵌图案，不必去记录所有的细节。这是一个通过消减从而得到一个简单图案的练习。

我曾在给本科生介绍景观设计的课程中做过这个活动，也在职业研讨会中和高级设计师们一起做过。在一个职业景观设计师协会（APLD）的会议上，我们做过一个相似的练习，用彩色粉笔绘画而不是在纸上做拼贴画。我们把所有画完的图纸并排放在桌子上，上面盖着一张描图纸，然后一次又一次地临摹它们，提取成镶嵌模式，每一次都使模式更为简化。然后我们使用抽象图案模式做成一个花园的平面。

在拼贴画中，在控制和意外惊喜之间会产生一个快速互动。你选择所需使用的颜色，但不要花很多时间思考它。在纸上，你可以很容易地移动各种物体。在实际的园林中，使用真正的植物和其他材料的实验会花费更多的时间和精力，实际物品通常比纸和胶水更昂贵。即使一个园林完成后，组成花园的素材也不是固定在一个地方，尤其是植物。你可以把它们挖出来并移动它们，但这可能需要耗费一些精力。

我的朋友玛丽·谢伊（Mary Shea）的花园很好地说明了这一点。玛丽以她室内装饰的天赋以及园艺技能而出名。在室内，她是颜色和质感组合设计的专家，而且她有画壁画的诀窍，把不同寻常的颜色组合起来装饰恰到好处。她告诉我有时为了做出一个满意的作品，她不得不重新绘制一个房间两三次。在花园里，她设计的草本植物的组合都是不同寻常且精致的。我问她如何将颜色和质感大胆的搭配得这么好看，她说当植物长大盛开后，她就将它们不断挪动组合。她在使用成熟植物进行拼贴。

一旦你熟悉了制作纸质拼贴画，你就可以进入绘画阶段了。我建议使用丙烯画而不是油画。尽管在制作艺术作品上使用油画颜料有些优势，但我认为丙烯画更适合快速设计研究。它易于清理而且干得很快，这使得它用起来相对容易很多。我的工作室有成堆的画作，因为我可以在便宜的纸上快速地创作。画作中的错误不会增加过多成本，我几乎留着所有的东西，包括看起来像个错误的作品。如果我做的东西自己看来并不满意，

左图：在玛丽谢伊的花园，这个拼贴画包括弗吉尼亚鼠刺‘亨利的石榴石’（*Itea virginica* ‘Henry's Garnet’），香桃大戟（*Euphorbia myrsinites*），粉花绣线菊‘魔毯’（*Spiraea japonica* ‘Magic Carpet’），以及白毛叶葱（*Allium christohii*）。香桃大戟叶片中的一点蓝晕，以及绣线菊和波斯之星的蓝色花，有助于将植物组合统一起来。

下图：由午夜葡萄酒锦带花（佛罗里达锦带花‘伊利亚’）（*Weigela florida* ‘Elvera’），焦糖矾根（*Heuchera villosa* ‘Caramel’），和一株鼠尾草‘紫色’（*Salvia officinallis* ‘Purpurascens’）——这些植物由不同程度的紫色叶子组合起来（甚至焦糖矾根在它紫色叶子中都有一个微妙的过渡）。旋果蚊子草‘奥雷亚’（*Filipendula ulmaria* ‘Aurea’）带来了一股黄绿色对比冲击。

我把它放到一边，继续其他尝试。我把画以各种各样的形式组合在一起钉在墙上，不时地看着他们。这样方便研究事物，注意细节或重复出现的主题。我剪裁那些似乎不能独立成一张图的作品，把剪裁出的各部分不断挪动位置，与从其他画作中拿出来的部分一起制作拼贴画。

这在某些方面与在电脑上的剪切和粘贴相似，但从根本上它与使用Photoshop等图形软件是不同的。当然，电脑编辑快，虽然它可以令人兴奋，但是它不是很周到。最重要的是，它不能带来触觉感受。你没有让颜料粘在你的手上，而把颜料弄在手上是我喜欢的绘画感官体验的一部分。用手指沾上颜料在真正的纸张上工作会让人感到深层次的丰富思想。在草堆山工艺品学校（Haystack Mountain School of Crafts）里，我参加了一个讲座，由费城的金属艺术家马乔里·西蒙（Marjorie Simon）主讲。她似乎同意这一点。“如果你用手制作，”她说，“这最终将会输入你的大脑。”

重复是一个重要手段。做一次练习，然后找到一种方法以不同的方式去做第二次，然后第三次和第四次。每做出成功的变化都会增加你的信心。当你做一系列的作品时，一遍又一遍做，你会感到很自如而不会感到畏惧或严肃。你可以允许自己犯错——这是创意过程中非常重要的一部分。如果你允许自己把事情弄得糟糕，它将释放你的压抑，你的创造力会向你可能没有预测到的方向引导你。

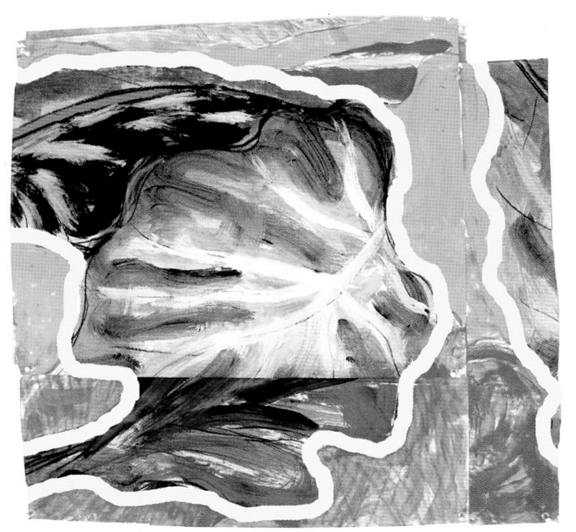

对面上方图：奶油色调的玉簪“橘子果酱”（*Hosta*‘Orange Marmalade’）与玉簪“格调”（*Hosta*‘Touch of Class’）的冷绿色形成对比。玛丽使用焦糖矾根（‘Caramel’heuchera）让整个边界具有连续性。

左图：油画（丙烯酸树脂在纸上作画）被裁剪成几块碎片，然后组合（重新排列）出三种不同用明亮黄色线描边的抽象拼贴画。

上图：手指画是一个很好的缓解绘画焦虑的方法，让你以不同寻常的方式来思考自我，也可以玩得很开心。这是一个朋友在缅因州的一个小屋的码头，在不担心画出来是什么样子的心态下画了大约30分钟——完成后发现真是个惊喜。

视觉笔记

为了真正了解一个地方，我发现速写比拍摄照片更好。照片有利于在一个场景中记录最大数量的细节，但速写可以更好地捕捉场景的本质。它能让我慢下来，让我在一块场地待一段时间。有时如果我拍摄而不画速写，当我最后去看照片时，我忘记我为什么照它们。绘图就不会发生这样的事。这是一个真切地观察一个地方，并与它产生联系的方法。

人们说，熟能生巧，但我会尽我所能避免这样的情况。速写不是寻求达到视觉艺术家那样的完美。它只是关于训练观察力的练习。生态设计师戴劳·莫里森（Darrel Morrison）对此表示赞同。他将他美丽的水彩画速写描述为："不是伟大的艺术品，而是笔记。"对我来说，自然景观速写是有关生机勃

右图：限制自己只用一种颜色比如紫色或蓝色，与白色颜料混合来画图，是一个跳出现实和学习光影表达的方法。

这幅版画展示了一片长木花园皮尔斯林园里的黄桦树林。我添加了大量的常绿灌木来划分空间。

在另一个版本的山桦树林的中，纸上的丙烯酸树脂颜料用来示意本地盛开着黄色花的杜鹃。

相同场景的第三个版本也是在丙烯纸上绘画的，它没有尝试现实主义的配色方案。在皮尔斯森林中重复这个练习帮助我内化一个基本设计主题：有力的垂线从由各种灌木和地被植物所构成的水平线穿过升起。

除了在设计伯德·约翰逊夫人野花中心之初于此扎营过夜之外，达雷尔·莫里森（Darrel Morrison）还通过画一系列的水彩画来研究它的细微差别。他在1992年2月第一次去这个地方时画了这幅画。绘画和照片来自达雷尔·莫里森。

勃的自然进程，自然的强烈的生命气息，是在寻找景观设计的深层次灵感。虽然最开始画速写可能会令人感到畏惧，但我认为这是每个人都能做到的。想一想写作，每个人都知道如何做笔记,写下一组词。仅仅因为你不擅长写小说或诗歌，并不意味着你不能写日记。在学习速写绘画时，目的不是为了达到完美，而仅仅是为了增加对素材的熟悉。谁知道呢？一旦你停止对漂亮图纸的担心，而是简单记下一些视觉信息，你最终一定会发现你的速写很好看。你可能最终发现自己在创作艺术。

然而，当绘制速写时，拒绝追求美的这一本能是很重要的。因为它会阻碍和扼杀笔

在纸上的流畅运动。抵制画漂亮图纸这一诱惑的方法之一是用便宜的材料。第一次调研一个场地的时候，我带了我能找到的最便宜的纸，而且我用一个普通的毡尖笔画速写。我建议避免使用铅笔，因为他们带着不可抗拒的想去擦除的冲动，这会使得你像一个艺术家一样而过于挑剔和关心你的表达。使用毡尖笔，可以有很多错误笔触，然后翻一页继续画。记住，这些图纸是为你服务的，是为了让你放慢脚步，从而理解在你面前的事物。

我直接在速写上记笔记。它有助于防止图纸变得太珍贵，而且当我之后回顾它们时，这能帮助我回想起我记录的是什么。我在同

在得克萨斯州奥斯汀的伯德·约翰逊夫人野花中心，我花费了大约两个小时在这幅水彩画上，让我有时间去注意斑驳的阳光的特性，斑驳的阳光在得克萨斯州中部的林地中很常见。这个“场所感觉”的研究是一系列通向他们新儿童花园设计的练习中的一部分。

一速写中用不同的笔，它们中一些有细的笔尖，而另一些很粗。我使用不同的颜色，但是我经常故意使用一些不在我画的景观里的颜色。当看着一个绿色景观的时候，我也许会使用一个紫色的笔。这帮助我避免想创造现实感的冲动，从而成为手头任务的干扰。在访问圣达菲的格鲁吉亚奥基夫博物馆时，我在墙上发现了一个艺术家的语录：“没有什么比现实主义更不真实……细节是令人迷惑的。只有通过选择、消除和强调，我们才能理解事物的真正意义。”对我来说，这就是在场地中画速写的含义，尤其是当目标是启发有意义的设计时。一旦你开始排除细节，你就开始逐渐了解一个场所的真正意义。

当你在琢磨一处景观时，如果你喜欢某样东西的外表，就停下来问问自己为什么。为什么它对你来说是好看的？分析出是什么抓住了你的兴趣。做一个图表来解释是什么吸引了你，可能一个简单的速写记录就与你当下的体验相关。你可能会惊奇地发现这些快速视觉印象会将你的思绪指引向何方，以及以后会发挥怎样的作用。

这些是北卡罗来纳州西部的南部高地自然保护区的第一印象速写，它们是在2英寸的网格中快速完成的，在每个速写下面都有一段简短的描述性笔记。

Reserve "core area" studies
4
5
6
nag- sculpture
scrim - foreground trees
~a rare row
shifting slopes.
16
implied circle of trees
big tree trunks mixed with little wispy ones
12
13
14
lawn...
lawn
lawn...
lawn...
20
into clearing from lower edge - open sky above
"mosaic carpet" meadow pattern

速写与场地的联系

在北卡罗来纳州西部山区高处的原始森林里，我曾有一个机会练习使用乡土植物做前卫风格的设计。第一次去南部高地自然保护区时，上午我与负责人约翰·特纳（John Turner）一起参观了场地，但下午他离开了，这样我能单独一个人待在那里速写。当我开始与一个新的场地建立沟通关系时，最好减少来自已经很熟悉场地的人的影响。事先形成的想法会限制开放思维。在进入树林走了几步之后，我拿出我的速写本，开始把页面划分为大约间距2英寸的网格，是徒手画的，没有进行测量。精度不是必需的——此外，用尺子规规矩矩开始作画不是让自己进入创作状态的最好办法。

随意地环顾四周，我开始用吸引我注意的东西来填满草图中的小方块。每张图片只花了2～3分钟画，然后我在速写下面草草记下一两个词以总结我看到的事物。只要完成了一个速写就开始另一个。我不想暂停，哪怕是短暂的停顿，因为暂停会破坏创意流，会让你过多地想你正在做的事情。如果你让自己处在一个创作的最佳状态，你可以彻底

在花了一个下午画第一印象速写后，第二天我再次走过南部高地自然保护区，每五十步停下来立即画出在我的前面的事物。我再次在每个速写下面添加一个简短的描述性的笔记。

地沉浸于所在的场地中，有机会与四周的场地有一个深层次的联系。

大约一小时后，一个最初印象的目录开始呈现出来，这是我与这个特定场所之间关系的一个视觉记录。但是速写比记录这些观测更重要，它是解读场地的实际手段。我不是先观察，然后再画一张图来记录所看到的，而是速写和观察是同时进行的。每个速写所花费的时间就是为了与一个特定场所的关系奠定基础所花费的时间，这种关系以后将持续多年。

在第一个下午之后，我决定明天使用不同的技巧来画速写。这一次我快速地穿过树林，每50步停下来记下摆在我眼前的事物。同样，我没有考虑太多，也没有在画速写中停顿。我在每个速写下标注一个简短的描述性语句，只是几个词那么长。这时形成的场地感知与前一天略有不同，所包括的元素是之前仅环顾四周勾勒出有吸引力的事物时，没有注意到的元素。我试着让场地直接向我倾诉，而自己只是默默地聆听。

在绘制速写时记下一些简短的笔记很重要，尤其因为这些速写是快速绘制的，有时很难记住每个要点。这其中的一些观察可以带来非常特别的设计灵感。“大树干混杂着小的扭动枝干”可能引出在有着强壮笔直树干的现有树林中，添加一些长有纤细枝干灌木的想法，与现有的树干对比而突出它们的特点。“焦点：树桩和倒下的原木”或“露出的石英岩”能够让人想在一个地方安装一条长椅，邀请你坐下来面对这仿佛放在你面前的自然雕塑而沉思。“陡峭的高地河岸”可以是你能够种野花的地方，像某些种类的延龄草（trillium），也可以种能从下面观赏的花朵下垂的花，或是非常小

在宾夕法尼亚州西部的匹兹堡新植物园的入口走廊，作为现状场地分析的一部分，我绘制了这些沿路不同地方的小幅炭笔速写。

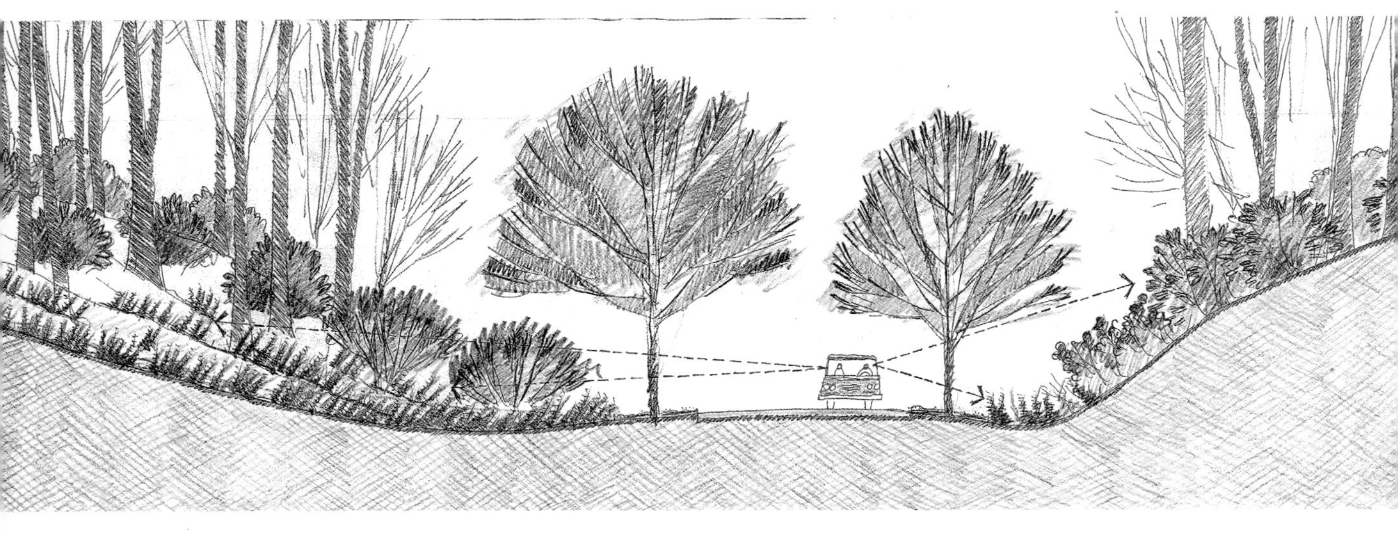

左上图：这张正式的绘图是宾夕法尼亚西部植物园的入口走廊的设计完工图。这种精度级别有利于传达设计意图的具体细节，但是我认为前期的炭笔速写能更好地带来一个关于场地整体的感觉。

左图：如新圣达菲植物园设计的一部分，我对城市里及周边区域的植物园做了一系列的研究，来帮助我定义独特的圣达菲的建筑语汇。这张用毡尖笔画的速写展示了偏心几何、体量，以及石头和土砖墙壁的多种材料选用。

上图：一幅在帆布上的聚丙烯树脂画，描绘了宾夕法尼亚西部植物园的漫滩。使用多样化的媒介可以防止我过于依赖任何一种技术，从而在项目的场地分析阶段，保持创意的流动。

左上图：为了给纽约市的一座公园的儿童项目制定一个主题，我做了社区建筑细节的视觉清单。在一个附近的20世纪初期的建筑的等候室中，我拍摄了沉重橡木家具上的动物雕刻装饰，然后回到工作室，我做了这些速写研究。

左图：曼哈顿另外一个区域的一座建筑有着一个用金属板装饰的大堂，上面描绘各种运输方式的图案。即使这些图像中没有进入项目的最终设计，但它们帮助我理解老纽约的公共空间中丰富的建筑细节。

上图：距离场地几个街区之外，一座建筑的表面装饰着一块青铜板，上面描绘了一个奇幻的海底世界生活。我把它们拍摄下来，回到工作室后用钢笔画来简化他们，然后使用Photoshop上色。

的植物如矮冠鸢尾花（dwarf crested iris），这样你可以接近它们而不必过度弯腰。

这些速写不会直接带来特定的设计灵感，但是加在一起将会帮助你找到一个场所感。我喜欢把速写作为一种积极的冥想形式，让喋喋不休的日常生活安静片刻，训练你对眼前事物的敏锐关注。一旦你练习这种速写直到十分适应它，你就可以把它作为一种冥想形式，能够让你的大脑平静下来并在一定程度上缓解日常压力。设计过程中不仅仅是创造美丽的花园，这也是在于培养一段有意义的与场地的关系——也是与内在自我的关系。

当我在哥斯达黎加的红树林沼泽里参加皮划艇小组时，我被映射在静水中红树林的支柱根的圆形所吸引。这个图案非常美丽，我感觉我正漂流在布雷·马克思的画作中。红树林生长在水分完全饱和的土壤中，而支柱根提供更大范围的基础支撑，有助于保持主干竖立在软泥中。每个支柱根都是从主干上距离水面高达四、五英尺的一点延伸而来，弯曲落在水中形成一个光滑的弧形。弯曲的茎映在水中，形成了一个个几近完美的圆。上面的树冠很茂密，但穿过缝隙的点点阳光形成了一幅充满生机的画面。虽然水面几乎是静止的，但树冠下面有阵阵微风，使得光点在不停地移动。这场光影展示非常迷人，那些弧形和倒影使光在旋转成一个个圆形，像迪斯科舞池的灯光。

我没有带相机，但我想图形化地记录这种经历。我也没有带日常的绘画用品，只有一个小的口袋笔记本和一支铅笔，所以我不能画一张内容非常详尽的手绘。我画了几个

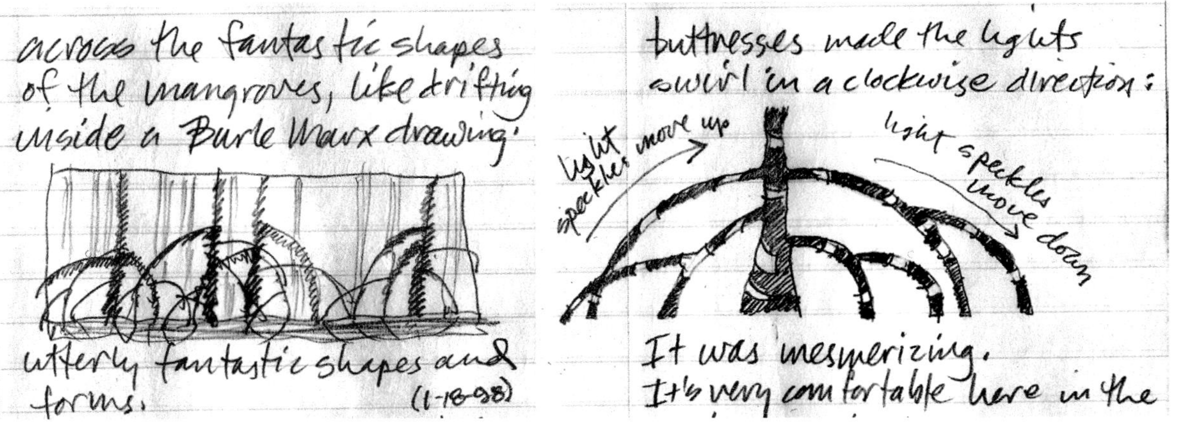

这些笔记和小的铅笔画研究，每个不超过4英寸宽，它们是可以帮助我回想在红树林沼泽的皮划艇经历的唯一媒介，但足以帮助我完成最后的绘画。

在我结束热带生态系统研究旅行回来后，我用了一个多月的时间画这张哥斯达黎加的红树林的抽象画。虽然红树林沼泽的实际颜色是柔和的绿色和灰色的色调，但成图中的想象色彩捕捉到我在哥斯达黎加的整个游览期间所发现的美。

简单的图形来记录倒影，同时添加一些笔记以进一步描述我看到的景象。一个月后，我回到了工作室。我拿出这些小图表，将它们作为一副抽象画的基础。画中明亮的红色和紫色是完全超现实的（实际红树林沼泽主要是绿色和灰色），画中的图形和质感比在现实中更简单。然而不知何故，这张图不仅捕捉到在红树林沼泽的体验，它似乎也总结出了我在访问哥斯达黎加的全部时间里遇到的热带风情美。在皮划艇中漂浮时如果我没有画那两个小的草图，过后我可能就画不出它们了。

这与景观设计有什么关系呢？嗯，我至今还没有被邀请来设计一个在红树林沼泽中的花园，尽管我想有朝一日会有这样的机会。与红树林的偶遇教会我一些关于图形和倒影的知识，可能会对我思考下次的倒影池设计有用。大多数情况下，这种练习对景观设计的价值在于提供了一个发展自己观察能力的机会。它教会我，即使是提炼自然景观中最基本图案和形式，也可以极大丰富一个人对一块场地的体验和记忆。

发自内心的涂鸦

我花了很多时间在坐飞机或者在机场等人上面。大多数人利用这段时间在他们的笔

数学算法在小点的网格中形成这个镶嵌图案。

记本电脑上阅读或工作，或者和他们的朋友发短信，但是我会在手边放一个小素描本，以涂鸦的方式来打发时间。我喜欢摆弄各种图形，来探索多种可以把他们组合成图案的方式，涂鸦是一个很好的来保持视觉活跃的方式。它填充了各种生活追求的时间空隙，而且它允许一些非常有趣的图案出现。涂鸦可以暂停你大脑中理性的一面，充分发挥直觉的一面来指引你去各种可能的方向。它没有后果可言，因为它只是在纸上无特定含义的随意绘画，所以不需要害怕你创作的作品。

不同于我带到田野中的便宜的速写本,我的涂鸦本都是用高质量的纸制作的。我使用Moleskine速写本, 每一个这样的速写本都有100页厚重的无酸纸，加上纯黑色的封面，本子都是用线装订的。据说Moleskine公司曾制造过梵·高、毕加索和欧内斯特·海明威所用的速写本。最初在巴黎由小规模的装订企业制作而成，而现在是在米兰制造。对于每本接近20美元的售价，它们是有点奢侈。但是，我让它合理化了，因为它在我的手上一个星期就用个几次而已，这是我能承担的简单的奢侈。然而，我不买昂贵的笔，因为我总是丢笔。我使用一支普通的廉价圆珠笔，你在任何办公用品商店都可以购买到。

一些涂鸦艺术作品（例如这幅）是在圣达菲的印第安艺术与文化博物馆研究陶瓷后勾勒出的。我与当地的美国原住民艺术家合作，打算把这样的图案转变成花园墙上的瓷砖马赛克。

涂鸦与画现场草图没什么不同，除了主题的不同。涂鸦的主题不在于我周围的景观，而是在我的心中的景观。令人惊讶的是可能出现的无限排列和变化。有时在好状态中，我惊讶于出现在页面上的内容。我主要画抽象的形状和模式，不考虑任何我可能正在从事的花园设计项目。但几个月后，当我回顾我的涂鸦和思考我那时正在设计的园林时，有时可以看到他们之间的联系。当画图时，我尽量不去想这些，而是偏向于尽可能保持无意识的状态。

涂鸦通常开始于建立一套规则或设置一个算法。一遍又一遍地重复这一过程，直到到达明确的终点。我可能会先用带有网格点的纸覆在上边，然后，从左上角开始，每隔两点插入一个星号。然后，在从头开始，每隔三点画一个小圆。把一个圈叠加在一个他们所重合的星号上。然后我每隔四个点会画一个星星,每隔五点画一个方块。以此类推,直到每个点上至少有一个叠加符号。如果我画线连接方块或星星,将会出现不可预测的形状和模式。这是一个很好的实践，让人无意识地绘画或放弃控制，只是看看在纸上会有什么出现。通常它会带来一些令人吃惊的结果，帮助我保持对偶然性的信仰。

这是一个真正的惊喜。我以画一个三角形开始，然后在内部旋转一个小三角形，然后更小的一个，以此类推，直到第一个三角形整个充满旋转三角形（看右下角带有颜色的那个）。然后我做了一个类似的三角形与第一个相邻，在另一边再画一个，以此类推。最后出现了一个完全出乎意料的图案。试试把这个图案用在广场中，你会很震惊的。

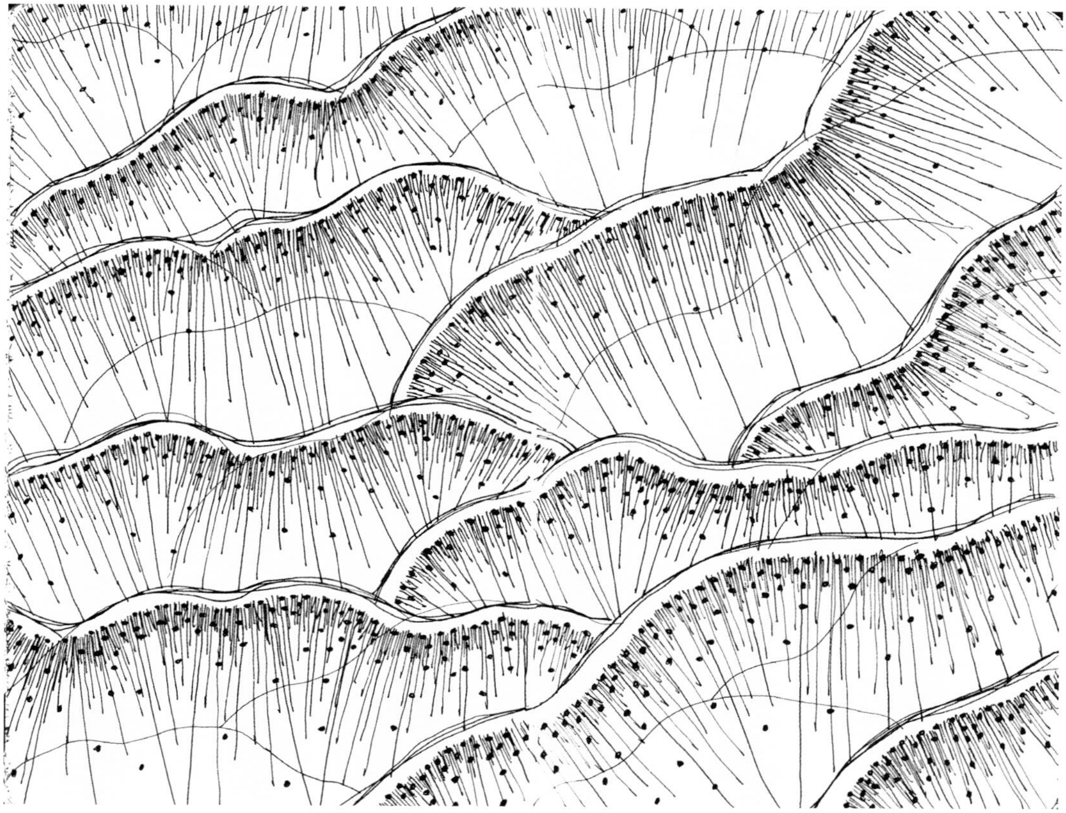

这里说明的是你自己有时候知道你在一个很好的状态。我画了左边的涂鸦扇形图案，当时没有考虑任何现实世界因素。大约一年之后，我在森林里徒步观赏时，遇到一个具有相同图案的真菌。

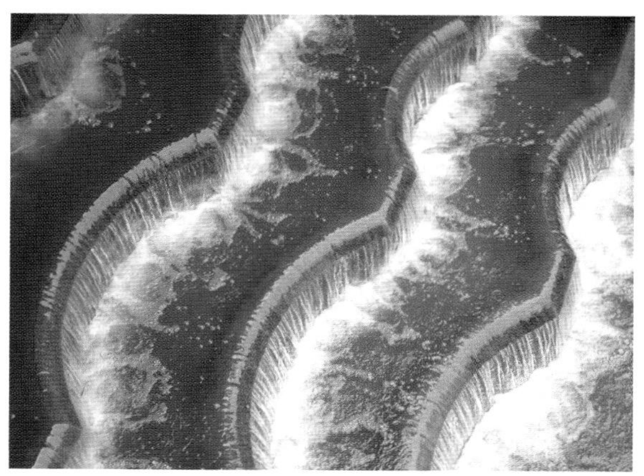

然后一年之后我在法国维朗德里城堡园林中发现了下面的扇形水景。一旦你开始研发出有关形状、图案和形式的词汇表，你会开始在任何地方看到它们。

第4章　扩展的节目单：艺术家们的经验

我的工作中最令人心悦的方面之一就是它能提供非常好的与艺术领域合作的机会，并且让我有幸在朋友和同事中接触到不同类型的艺术家和设计师。学习和欣赏其他艺术家的作品，并且探索它们与自然风景之间的联系，这是我创作中非常重要的环节。无论哪种领域——绘画、雕塑、音乐或是舞蹈——我总能在它们中有所收获，即使第一眼看上去它们和我作为一名景观设计师的作品完全不同。我鼓励你们扩展自己的创作体系，并鼓励你们发展和深化你自己与多种艺术媒介的联系——这都是在学习像一名艺术家般思考，并把这种充满活力的创造性和联系性运用到园林中。

我把旧的聚丙烯树脂绘画分成几块，把他们抽象拼贴成这张幻想森林图。这不是从景观中捕获的图像，而是一个绘画、记忆和想象力结合的创造经历。

描绘自然的艺术家

自然是孕育人类精神的源泉，而将人与自然联系起来的艺术活动从人类文明伊始便存在了。简单的艺术行为将你与延续了几千年的创作活动联系起来。艺术家总是从自然中寻找创意和灵感，他们在作品中表现自然的方法也反映了那个时代关于自然的主流文化态度。

第一个为国际所公认的美国艺术运动是哈得孙河画派（Hudson River school），反映了19世纪中期关于人与自然美国人的看法。诸如托马斯·科尔（Thomas Cole）和阿舍·杜兰（Asher B. Durand）这样的画家描绘了纽约市北部的哈得逊河的壮美自然风光。他们在巨大的画布上绘画，巨幅的浪漫主义画面中包括了很小的人物，以及少量在自然中和谐共存的工业。哈得孙河画派的艺术家在当时十分受欢迎。许多有成就的名流和参观者们愿意在纽约的画廊前排队数小时，以求观赏到最新展出的绘画作品。

这是秉承天命论（Manifest Destiny）的美

国西进运动的时代，随着大众开始闯入原生态大自然，人们在工业和科技神话中找到了慰藉。

浪漫主义手法下描绘的自然环境绘画作品在整个20世纪都十分风行。尽管20世纪的许多美术运动诸如抽象表现主义、超现实主义和流行艺术扩展了艺术家的创作主题，但自然风景绘画却依然占据了我们的想象。在加拿大，“七人组”画家描绘了安大略北部的荒野，尽管他们最活跃的时代是1920 ~ 1930年代，但其作品至今在加拿大依然十分受欢迎。最近一项美国研究表明，自然景观绘画仍是美国大众最喜爱的风格，反映出人与自然和谐相处的持续需求。

环境艺术：风景作为创意媒介

1960年代末，美国和欧洲的一些激进艺术家开始了一场新的运动。与在艺术展览馆和画廊中所展示的画作或是其他自然的再现形式不同，他们开始运用景观本身作为创意表达的媒介。时至今日环境艺术运动依然在发展，而且十分活跃。并衍生出不同的名字，包括：大地艺术、环境艺术、再生艺术以及最新的可持续艺术，也包含了多样化的社会和政治主题如环境行动主义、女权主义、生态恢复、回收，甚至城市社区绿化等。

许多环境艺术家试图通过植物、地理、土壤、风、水、声音和光的复杂性来揭示自然的美和神奇。史黛西·莱维（Stacy Levy），宾夕法尼亚州溪磨地区的一名环境艺术家，她在科学与艺术之间建立了桥梁，来创作永久性和临时性的作品。

她说她的作品是“一种将自然世界的模式和过程转译为人类可理解的语言的载体”。在2005年匹茨堡三河艺术节上，她的作品《河

的睫毛》（River Eyelash），以超过四千个上色的浮标，从波音特州立公园（Point State Park）辐射状延伸到邻近的河中，那是阿勒格尼（Allegheny）和莫农加希拉河（Monongahela rivers）交汇形成的俄亥俄河。“睫毛”随着风和水流来回摇摆运动，这些自然景观中的动态变化吸引了观赏者的注意。

在1980年代末，“心之人”多米尼克·马泽尔德（Dominique Mazeaud）创作了另一个基于河流的作品。里奥格兰德河（Rio Grande River）的大清洁（The Great Cleansing）是关于她与特定景观的联系。这个作品在环境艺术史上具有重要意义，因为它是一个没有物质形态的作品。在新墨西哥州的里奥格兰德河，马泽尔德举行了一个七年仪式，她每个月都来到这里清理垃圾和其他碎片。除了那些在传媒上读到它的人，大清理活动是一个没有观众的表演。只在她的个人日记中记录了这一过程——没有照片，没有图纸——多米尼克将这个项目当作关于她与河流关系的沉思的一段延伸。艺术家兼作家苏茜（Suzi Gablik）在她1991年出版的书《返魅的艺术》（The Reenchantment of Art）中这样讨论了多米尼克的大清洁活动：

> 1917年马塞尔·杜尚（Marcel Duchamp）展出一个小便池称它为艺术，尽管当时没有任何的概念来解释这种超常规的行为。今天，马泽尔德的项目同样是惊人的，因为这根本不是一种基于美学符号的越界的艺术。它来自另一种虚构的整合：怜悯。卡洛斯·卡斯塔涅达(Carlos Castaneda)称之为“心之路径”。

《河的睫毛》，由环境艺术家史黛西·莱维设计，将风和水的运动戏剧化地展现于匹兹堡的三河汇点。这个项目使用了包括超过四千个浮标，它们被穿上了绳子拴在岸边。图片版权2005史黛西·莱维。照片由史黛西·莱维（左）和拉里·里佩尔（右）拍摄。

马泽尔德也收集Y形棒，这让她联想到一个向上伸展胳臂的人类形体。她称之为“胳臂高举祈祷，像探寻棒（一种用占卜来寻找水源金属等物体的工具）一样寻找新的水域。”身体同时衍生到天顶和地底，她把自己安置在天地之间。Y形棒只是一个普通的物件，一个简单的形象。我们总是看到它们，却没有认真地思考它们，但马泽尔德将它们作为更具意义的物件来理解。

一个博物馆的装置作品，“千臂慈悲（One Thousand Arms of Compassion）”是马泽尔德的巨幅作品之一，又称它为“咏唱的字母/字母Y：圣地的祈祷者……”作品是由她在新墨西哥州的桑格里克利斯托山区（Sangre de Cristo Mountains）远足旅行时捡起的Y形分叉的树枝组成的。它的设计灵感来自西藏的慈悲菩萨，她有时被描写为有千支手臂。马泽尔德把这个作品看作是“一个与大地的合作作品，大地提供了各种不同的完美Y形物体。”通过收集和使用天然的，以及作为一个普遍祈祷的表达方式的Y形素材，加强了我们与生活中那些形而上和诗意的联系，当然还有与自然的联系。

这是由多米尼克·马泽尔德完成的《千手慈悲》（One Thousand Arms of Compassion）作品的初步设计图，它在一座博物馆安装建成，作品是由她在新墨西哥州的桑格里克利斯托山区（Sangre de Cristo Mountains）远足旅行时，找到的Y型分叉树枝组成的同心圆构成。图片版权2009多米尼克·马泽尔德。

这是艺术家对人类文化的重要贡献之一，寻找一个普通场所的意义，并以工艺的方式与其他人分享这份意义。在她的网站上，马泽尔德引用表演艺术家玛丽娜·阿布拉莫维奇（Marina Abramovic）的话：“艺术，不是关于做什么，而是关于是什么（www.earthhearitist.com/other.html）。”多年后马泽尔德指出，表演艺术家乌拉伊（Ulay）建议修改为：“艺术，不是关于做什么，而是而是关于将要成为什么。”这句话暗示了我们与自然的关系，就像我们彼此的关系，一直在进行而永远不会结束。

在控制和意外之间的平衡

有一次在费城艺术博物馆，我看见英国艺术家理查德·郎（Richard Long）的巨幅画作，由一个在薄纸上的干泥脚印围成的大圈组成，安装在一个挂在墙上的板上。郎收集了英国埃文河（River Avon）的泥巴并用他的光脚满满印在了纸上，而没有其他的工具。他常在自然景观中漫步，然后使用在他探索过的地方收集的材料，将这些景观记录在图纸上和雕塑作品中。这幅特别的泥塑画是一系列的同心圆，记录了一次沿河的散步。我发现它最迷人的是其意外和控制两方面效果的结合。

这是一个简单的想法，沿着一条河走走，收集一些泥并用你的光脚把它们印在纸上。圆是一种基本图形，它可以追溯到古时圆形的表达，诸如在英国到处可见的圆形石阵。选择用泥泞的脚做一个圆圈是一个有意思的决定，运用一定程度的控制。尽管郎很细致地在纸上使用他的脚印，但他每一个足迹的轻微变化是超出他的控制的。对我来说，控制与意外之间的张力是这个作品令人难忘的一方面。这是一个对我们与自然关系的精彩诠释。我们可以决定沿着一条河或在树林里散步，或者我们可以选择我们的方向、我们的步伐，但我们无法控制我们经历中的所有事物。自然景观的细微差别多少能说明这一道理。

有时当我设计一个花园或景观中的艺术作品时我会想到这个图像。最美丽的作品往往是一个简单的形式，在施加一定程度的人为关注和控制但又允许以场地和材质的独特品质形成最终的表达。管理自我和材料之间，或者你和场地之间的张力关系是一种挑战，而创造一个美的作品而不表现出过度的人为干涉和太多蓄意而为的痕迹也是一个挑战。我认为成功的关键在于发明一套指导性的规则，然后让它们自然运作，尽可能不人为介入。如果没有一定的约束，结果可能是无序而不美丽的。而另一方面，过多控制和过于挑剔，最终的结果可能看起来是枯燥的或做作的。在电影《河流与潮汐》（Rivers and Tides）中，大地艺术家安迪·戈兹沃西（Andy Goldsworthy）说："完全的控制能使作品幻灭。"

学习如何平衡控制与意外的关系需要大量的练习，我喜欢一次又一次地在园林中实践。比如有一天我在草地上拔杂草——快速扩张的一枝黄花（goldenrod）粗壮的草茎破坏了当地多种野花野草的自然分布。我拔出它们的根并扔到草甸旁边已经割过的草坪上。这是一个有风的日子，当扔出一枝黄花草茎时，我注意到它的头部顺风朝着下风向。由于底层夹杂着连根拔起的土块，所以更重一些，并且花的头部更加轻盈随风而摆，最终这些植物或多或少都以相同的方向落下。

一旦我发现风所做的一切，我开始与它合作并投出一枝黄花以至于风可以更容易抓住它们。重复的出现的是一个美丽的图案，其中一枝黄花茎多数是彼此平行的，但由于风向小方向的转变而有了微弱的方向改变，也有每个植物的大小和形状的变化的原因。最终我完成了把一枝黄花从草地中清除的工作，把它们堆一起，并将它们带到肥料堆。但在把它们运走之前，我在那儿站了一会儿并欣赏了草坪上这一美丽的抽象图案，满意于这个图形记录了我拔野草的意愿、风和一枝黄花的特性之间的关系。

有一次，当我在草地上工作，我遇见一大群成熟的北美商陆（poke weed），明亮的红色茎资源太过丰富以至于不愿错过（使用）它，所以我挽起裤子，剪去所有的枝叶和果实，留下了一堆茎干。在那周的早些时候我已经开始设计一个园林项目，其中涉及一个覆盖着修剪整齐的草坪的小圆丘。北美商陆的红色草茎做成的漂亮花环环绕着这个小圆丘。在那个夏天一直到秋天，这明亮的红色圆圈成为花园里的一个焦点。在冬季它开始褪色，在春天太阳照射下它的茎变成了浅棕色。在早春我用地肤（broomsedge）装饰了这个圈。草上还有冬季余存下来的锈黄颜色，并一直保留至来年夏天。这一切都是在无意识下进行的，不断进化的这个雕塑作品感觉更像园艺：作品在几周和几个月之后就会有变化，进一步的修饰时不时补充进来。

设计与艺术的不同之处

我认为艺术和设计之间一个基本的区别是，设计解决问题，而艺术提出问题。设计师被给予一个特定的场所去设计，一个具有特殊使用功能或活动功能的住宅场地，并且设计要保持在一定的预算内。一个典型的任务书可能是这样的，“在车库和厨房之间的空间，设计一个以玫瑰为主的草本花园，并将成本控制在5000美元以内。”设计师的工作

是通过尝试尽可能多的场景想象，排除选项，最终集中到一些教科书所说的设计解决方案中。他们运用知识、技能和创造力以得到最好的结果：一个适合其场地、能够很舒适安全使用，以及兼具经济美观的设计。感觉对路，客户满意，整件事就很好。

相反，艺术家则似乎语义含混，通常是提出更多的问题而非答案，或发明某种全新的语言，具有挑战性并难以理解。有时他们发现自己在一个自己也许都不能完全理解的程序中工作。如果每年要赶出数以百计的草图、研究、线条绘画、版画、颜料绘画和拼贴画，你就没有那么多的时间试图了解每一幅作品，而且你正在做的事情的意义可能需要数年时间才浮现出来——如果真的可以浮现出来。一两年前我开始喜欢上对以往的作品进行回顾，初步研究和完成的作品都包括在内，把它们挂在我工作室的墙面，然后揣摩观看。我总能收获新的事物、新的联系。或当我拿出老的作品并将它们挂在现在作品的旁边，我能看到之前没有意识到的新关系，发现更多的问题和可能性。

艺术家是从自己的角度开始，是从他们自己对这个世界的体验出发，然后尝试用这一角度事物和他人交流。艺术家是如何传达其作品中的含义的呢？许多人认为，一件特定艺术作品的含义应该有一些共同的价值观，方能被大家认同。将艺术创作视为特定的个人活动是不够的，除非它能够触发艺术家个人记忆之外的观赏者共鸣。一些艺术家当被问及他们的工作的意义时，会告诉你回答这个问题这不是他们的工作。其他人可能只是简单地声称他们的作品毫无含义。一些作品可以有许多不同的解读，一千个人心中有一千个哈姆雷特。作品中可以有多层的含义，数不清的潜在关系可以在其中被暗示。对我

来说，当观赏者与作品之间产生一系列反应，或是能够建立两者之间的某些联系的时候，艺术的意义便凸显了出来。

将设计与绘画联系起来

我从我的朋友威廉·弗雷德里克二世（William H. Frederick）那学到很多关于艺术与设计的关系，他是《巧手营造繁茂花园》（The Exuberant Garden and the Controlling Hand）一书的作者，并且是一个充满灵感的园艺家和园林设计师。我在比尔（Bill）那学到许多教训中，最重要的就包括在花园中对色彩的运用。“色彩，”他写道，“是一种非常个人化的和情绪化的元素。”

> 举例来说，我不认为色彩是一种简单的装饰元素。它是一种生理需求和园艺的主要原因。令人愉快的自然景观（没有它，我的生活将无趣很多），由园林产生的色彩所带来的丰富情感是不可缺少的。在这里，来自世界各地的植物种类现在都能提供给我们使用、合理配置以愉悦我们的视觉感官、适应我们的场地，以及创造心情和氛围来提升我们的生活。

比尔和我在宾夕法尼亚美术学院（the Pennsylvania Academy of Fine Arts）上了一些绘画课程，每周从费城开车往返过程中我们得以有时间探讨我们从绘画中学到的内容和它与园林设计的众多联系。我们就是在这里与帕特里克·罗斯·阿诺德（Patrick Ross Arnold）见面的，他是一个画家和教师，擅长将设计艺术与绘画艺术结合在一起。比尔邀请帕特里克在他家花园里讲一课，这次在亚什兰山谷的经历彻底改变了我对任何花园的看法。

帕特里克告诉我们，在景观面前让自己变得天真，让自己开放。启用你的视觉思维而不是你的逻辑思维。让自己进入那样的状态，不要让自己的思绪闲逛或漂浮，而是将自己扔到那个激烈的思维活动中。保持做事情、创造事物的状态。如果你有规律地去做一些事情，你的大脑会有物理性的改变——实际上你的大脑的一部分将变得更加发达。不要介意如何完成一幅画，而应一直保持创作的行动。正如你所见，这不是关于构建精确的图像。这不是制图。你想深入工作其中，去感受而不是过多思考。当你开始思考你在做什么，那就停下来——然后开始另一张绘画。这就是避免创作带有自我意识的作品的方法。

美国比丘尼佩玛·丘卓（Pema Chödrön），在她很多书中，包括《你从何处开始》（Start Where You Are），提出通过吐纳来练习冥想艺术的建议。她建议，如果有想法进入你的脑海，仅仅确认这是“思考”后就立刻回到对呼吸的专注。“当你意识到你一直在思考,”她写道，“你将它标上‘思考’标签；当你思绪蔓延的时候，你对自己说，‘思考’……保持诚实与温柔的态度。”很轻易地回到对呼吸的专注。这样的做法对于绘画同样有效。一旦你发现自己在思考，简单地停止，然后回到画布上。

帕特里克谈过做一名艺术家和艺术爱好者两者之间的区别。艺术家是一个不断教自

比尔・弗雷德里克在亚什兰山谷的家中花园里使用大胆的色彩组合以表达强烈的情感冲击，我常常受它启发。

我在亚什兰山谷（Ashland Hollow）的草地上勾勒出这种油画棒绘画作品以捕捉当地自然界的两种模式。小路沿一条蛇形线的引导通过一片柱状的紫杉树林。紫杉虽不是花园周围原产于该地区的植物，但它们呈现出一个自然漂浮模式，使人联想到本地原生的北美圆柏（*red cedar*）。

己如何绘画的过程。你是一个旅行者画家，或是画家吗？旅游者或绘画爱好者们有一套标准装备，他们去一个美丽地方获取新图像。这是收集图片，而不是做一个艺术家。绘画不是捕捉图像，而是获得体验。“绘画是一个过程。”帕特里克说。“这是一场关于色彩关系的游戏，入画是我们的目标。在绘画中我们真正做的是放弃期许，让体验来引导绘画。”熟练某些基本技巧确实能够帮助工作进行下去，但体验一定要保持开放多变。绘画总是事关冒险，使你面对事物时脆弱不堪。“除了伤害自己，绘画是最吓人的事了。”帕特里克说。

芬兰建筑师阿尔瓦·阿尔托（Alvar Aalto）可能会同意。阿尔托是20世纪最具影响力的现代主义建筑师之一，同时他还设计家具和纺织品。在芬兰的阿尔瓦·阿尔托博物馆中，我看到在一个展品里他援引法国野兽派的画家乔治·布拉克（Georges Braque）的话：“绘画中最快乐的是你永远不知道会发生什么。

一旦开始并生长，结果却与预期完全不同。”当我惊讶于一幅色彩或线条绘画所展现的东西时，我知道自己已经处于一个最佳状态了。

我度过了一段与帕特里克一起绘画的美好时光，学习到了很多东西,但这也不总是那么容易。在和他在学习过程中，我的日记记录了大量的这样的冲突：

> 我觉得这个绘画课程令我发疯，我一直在挣扎着学习，这对我来说并不容易。但它确实开始影响我解读景观的方式了。我开始把事物分解成色彩和光线的图形来看待。这应该是一个重大转变的起始……

我花了一整天去画乏味的小画，而只是尝试学习如何在纸上涂抹。这既令人沮丧却又非常引人入胜。

我已有些年没有尝试绘画这件事了。我很好奇究竟会发生什么，会将我引向何方？

画家的启发

我从内奥米·施林克（Naomi Schlinke）那里学到很多关于创造力的东西，她是我的一个得克萨斯州奥斯汀朋友。“作品，”她告诉我，“将你与所有的存在相连接。”哎呀，我想，这听起来挺吓人。但她是对的。我们的作品确实和周围的一切、身边的群体和那之外更大的世界都是有联系的。其实这没什么吓人的，事实上，通过建立简单的连接超越自我与其他的存在相联系起来，这件事本身会令我们跟到舒适。

内奥米（Naomi）在非常光滑的白板上用彩色油墨绘画。她运用各种工具将墨水画在板上，用另一块板按在这块板上的上面，然后把它们分开。图像展现了非常引人入胜的能在自然界中发现的模式、形状和纹理。当墨水干了之后，她撒了沙子并刮下去一些，留下不同的量的墨迹，然后涂了更多的墨并重复以上过程。多次重复后，一幅画变成了重写本（palimpsest），多层的画面展示了不同层次的内容。在韦伯斯特（Webster）大辞典里，重写本的定义是“羊皮上除了其现在写在上面的字迹外，还有一两种以前涂抹掉的字迹。”在古老的过去，羊皮纸或纸莎草是非常昂贵的，所以旧的文字会被刮掉，并覆写新的文字在上面，有时可以隐约地看到旧的文字印记。自然生态系统以同样的方式工作着，随着系统的不断进化，也会一层层的叠加起来。

《地被植物》（Ground Cover）是内奥米的一幅画作。它展现了一个包括自发性、图层和有条理的混乱的进程，是如何构建起让人联想到自然景观的抽象概念，同时又留有余地让你保持个人的相关想法和解读的。内奥米·施林克拍摄。

重写本这一想法在《地被植物》（Ground Cover）这一作品中展现得淋漓尽致，这是一幅内奥米近期的绘画作品。她首先将两个墨水板面压在一起，然后分开。接着把它们并排放置从而形成一个长板。然后她刮掉一些墨迹，其中一侧要比另一侧多刮一些。之后她在表层涂刷一些透明的黄色，最后添加一系列透明红色墨水的垂直线，木板的有机纹理从下面显示出来。对我而言，这种图案暗示了时光流逝的风化效果，很像森林地面的镶嵌图案，以及叠加在上面自然间隔的垂直树木。

内奥米在速写本上坚持记录着的小的图解和笔记，这不仅是记录想法，也是产生想法的过程。“笔记中的短语，”她说，“是想法和观察的信号标示。”我浏览了她的记事簿，并选择了一页似乎与《地被植物》有关的记录，其中显现通过各种不同间距的垂直线序列展现出一种有机模式。她解释说，她追问自己：比如有“如何实现无限模式？”与图解一起的笔记给出了一些建议性答案，但只是某种可能性。艺术家的工作进程中更多的是发问而非解答。

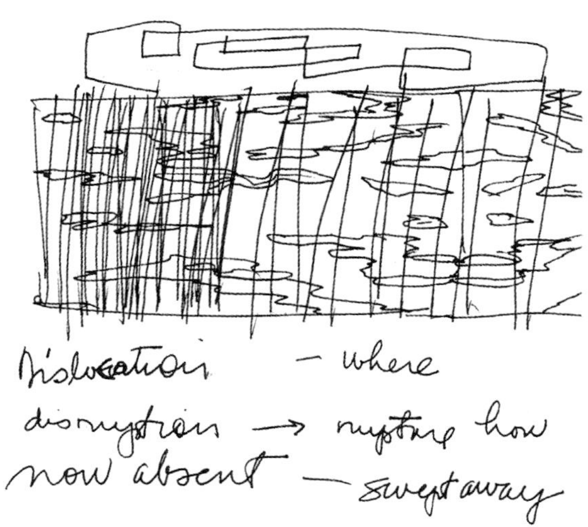

内奥米·施林克的速写本里面包含着一些简要的说明、小的图表和灵感的简短记录。在这张图里她正在研究如何激活无限模式——通过错位（“何处”），破坏（“破裂”），或删除、清洗和打磨（“一扫而空”）。

绘制，刮涂，留下痕迹，再画，然后再次刮涂，留下更多的痕迹，然后再次绘制，一遍又一遍重复这个过程。这样的结果使画作具有了非常强的有机形式，有着多层次的自然形态和模糊的内涵。这能够激发想象力，吸引着你进入作品，并能让你根据自己的视角和人生体验来感知它们。它们表达了一个更宽的情感范围，饱含象征意义，以及隐藏在不可触及的表面之下的含义。

内奥米使用一组特定的工具和技术，汇集以极大的专注力和集中力，而不预先计划或控制过度。为了创作作品，她以一个特定的物理过程来确保偶然和自发性的开放，而又远离无序。这里有主题与变化，以及一种来自于平衡意外和控制二者而产生的美。

在开发这种技术的过程中，重复是关键——一遍又一遍重复一件事情直到满意。我的朋友史蒂夫·博斯蒂克（Steve Bostic），一个研究生态系统的植物学家，将艺术定义为有变化的重复。你可能为了学习一种特定的笔触而一次又一次地重复练习。最终你开始相信自己的手。当你无需考虑太多就可以画出来的时候，奇迹就发生了。就像当你正在进行创作，过程开始与诗意融合而你却浑然不觉。然后突然迸发出一些新的想法，一切都是崭新的。这就是如何开始创造性的工作。

“别想太多，”娜奥米告诉我。“当你画画的时候你远离自己习惯的方式。”作为学习绘画的一部分，你必须将自己放入到大自然的模式语言和大自然的词汇中去。在遵循特定导则的前提下，利用可控的无序的原则，作出无意识的选择。

爱丽丝·亚当斯让我知道了在三维空间中进行思考的价值，制作新兴设计中的橡皮泥研究模型。

《卷轴圈》是已建成的环境艺术作品，它源于历史校园中心的图像，现成为一个现代建筑群的中心。它的名字参考了学校历史建筑上的旋涡式装饰，以及古卷轴上的复杂而美丽的文字。

向雕塑家学习

爱丽丝·亚当斯是一名雕塑家，她的主要作品遍及美国的各大城市，包括西雅图、纽约，丹佛和圣安东尼奥。1990年的时候我在担任费城“百分比艺术计划”的顾问委员会委员时遇见了她，而当时她在为费城市中心的托马斯·杰斐逊大学（Thomas Jefferson University）做一个公共艺术和广场设计，名称为回旋（Roundabout）。

为了呼应作为建筑师和植物学家的杰斐逊（Jefferson），这个项目塑造了土丘和象征斯古吉尔河（Schuylkill River）河畔大坝的水墙。街区里有特色的门口灯饰和大理石阶梯，给场地周围被倾斜步道界定的一座座独特花园增添了色彩。项目名称来自于杰斐逊给他在蒙蒂塞洛（Monticello）的家附近的主环路的命名。

我与雕塑家伯力格·弗里德伦德尔合作了作品《栖息之路——对话边缘》（A Sitting Path-Dialog Along the Edge），矮墙由从我们每个人生活的重要场所中收集来的石头构建而成。它横跨在森林和草地的边缘，提供静坐和沉思的场所，让人们思考关于沿边界所产生的“内部”与“外部”的话题。

几年后，爱丽丝邀请我加入她在特拉华大学的一个项目。和她在项目回旋中使用的方法一样，我们做了橡皮泥的研究模型，探索以不同方式从各个方向穿行于圆形场地，同时在圆圈内创建有兴趣点的停留场所，供人休息和放松。

我们研究古代凯尔特手稿卷轴，还有景观设计师玛丽安·克鲁格·科芬（Marian Cruger Coffin）完成的1918年校园中心规划，以及那里历史建筑中的图案。整合并运用了这些独立的元素以创造《卷轴圈广场》（Scroll Circle），这个统一的景观连接着本地的场所感，充溢着多层次的故事和意义。

在1990年，我与雕塑家伯力格·弗里德伦德尔（Bilge Friedlaender）合作了《一条可坐之路——沿着边缘的对话》（A Sitting Path-Dialog Along the Edge）项目，它是“走出树林”环境艺术展览的一部分，位于玛莎·莫斯（Marsha Moss）主管的费城公费尔芒特公园。

我们设计的是一段低矮的石墙，由原产于费城地区的石料，搭配以从我们各自生活中的重要场所收集的石头。这面墙穿越森林和草甸的边缘，作为一个可以用来静坐和沉思的场所，用于游人坐下来歇息和思考由边界所产生的“内部”与“外部”之间的对话。作为这面墙创意工作的一部分，伯力格写了一首诗《边缘》并被纳入展览目录中。诗中提到我们生活中熟知的一些界限，比如昼与夜，海洋与海岸，睡眠与觉醒，知道与遗忘。

从景观设计进入艺术摄影

我的朋友罗纳德·桑德斯（Ronald M. Saunders）起初是一名景观设计师，但现在是一名摄影艺术家。我与罗纳德一起在宾夕法尼亚大学读过景观专业的研究生，他的自由精神一直启发着我。在景观设计工作中，他懂得如何收集多元的想法并将它们完美融合为一体。多年来，我们一同参观了许多博物馆以探索艺术与景观设计的交叉点，从而培养了我们对于艺术的共同热爱。

当罗恩开始投入越来越多的时间来完善他的摄影技巧时，我担心他可能会失去一些创作的自发性，但经过多年的基本工具和技术的训练之后，他找到了一种方法将无法预料的事物带入摄影作品中。作为一位摄影师，罗恩制作这样一种照片，他将物体放置在相纸上并直接暴露于光源。这样你永远不知道图像究竟会如何变化，结果也往往出人意料。

罗恩创作了真人尺度的人物图像，他躺在大幅相纸上，用他长而充满野性的长发绺创造出惊人的形状和肌理。大自然依然是他作品的重要组成部分，他已经研究出了将植物图像和人物剪影拼贴在一起的二次曝光技术。由此产生的印刷品展示着人与自然之间

《宇宙舞者》，由罗纳德·桑德斯摄制的双曝光照片，植物的纹理叠加到人的形体之上。虽然这种形式的摄影确实需要精确的技术，但其成像结果却又透着机缘巧合参与其总的魅力。罗纳德·桑德斯拍摄。

的对话。当人体大小的光影图像被挂在墙上，你不禁会沉浸于这份作品，思量着自己与自然世界的关系。

没想到的是，罗恩的美术摄影将他带回到真实的景观。

现在他正作为一个公共艺术家，用他的摄影图像来创作旧金山地区的环境艺术作品。

源自表演艺术的灵感

在我书写这本书的时候，伟大的现代舞蹈家和编舞家摩斯·康宁汉（Merce Cunningham）逝世，这让我思考了他所谓的“随机手法”在创作过程中所扮演的角色。在一篇来自《纽约时报》的评论文章中，阿拉斯泰尔·麦考利（Alastair Macaulay）谈到肯宁汉如何使用各种技术来创造随机——包括纸牌、骰子和易经——作为在编排中使用的创作工具“来确定用哪个身体部位、哪些方向、有多少舞者。”但是，他没有让概率决定作品的最终形式或是指挥舞台上的舞者。“这一点与即兴创作无关，”麦考利写道。“肯宁汉的编舞是非常细致的。但是，他想去抑制用预先计划引导创作的习惯。”

换句话说，偶然元素不能确定最终的作品，但是他们可以帮助使设计过程保持不可预知性，让设计师能够走出自己的偏见。偶然能让我们避免成为重复过多的设计师，它是一种让我们对自己所做的事情保持兴趣的工具。但艺术家或设计师需要保证某种程度

肯·史密斯的《三年生花墙》，作为一个临时作品，于2006年安装覆盖于库珀—休伊特博物馆的建筑立面，来源于包括有组织的随机游戏在内的一个设计过程。

的控制，在内容上作出一些重要的选择。对于花园设计，这包括视觉元素的选择，比如格式、线条和色彩——或者更多关于叙事构成，如历史参考或象征意义。

在他的期刊文章《康宁汉，非永久性艺术》中，费尔南多·布马（Fernando Puma）引用了康宁汉对于他的设计中如何使用偶然因素的描述：“有些人认为这只是无人性的或机械化的翻弄一枚便士以创建一个舞蹈，而不是绞尽脑汁以至于咬指甲或用头撞墙，或是翻阅旧的笔记寻找想法。”即使在当今景观设计领域，大家普遍的观点似乎都是，作为关键的决策者，设计师必须奋力工作才能建造一个花园。似乎现在我们若不翻阅我们所能找到的所有书并贴上小即时贴，就不能开始一个新的设计——这些即时贴被用在任何我们认为有用的照片页面上。但是，我们也可以利用一些随机游戏，将我们立刻融入自己的创作过程中。“当我这样创作时我的感受”，康宁汉说，“就是我所接触的是比我个人阅历大许多的自然资源。”

景观设计师肯·史密斯（Ken Smith）完成的《三年生花墙》（Triennial Wall Flowers）中，所用的随机手法与康宁汉的方式似乎没有什么不同。它作为正在进行的“花墙”系列展览的一部分，在2006年覆盖在纽约的库珀-休伊特博物馆的立面上。博物馆临街的外立面满是荧光橙色的塑料围栏，上面陈列着一系列大尺寸的、不同样式和色彩的塑料波普艺术的花。这些花是用各种各样用于水土保持的鲜艳布料构成。

通过对景观行业所有技术材料进行新的、创新方式的运用，史密斯提供了一个对工程和功用，而非怪异与美的注解。

史密斯使用了一种隐形的网格来组织正方形场地，每个正方形都有九个位置（四角，四边，中心）。通过使用他所谓的“一个运用随机选择的有组织性的系统”，他使用从碗中随机抽选的方式来确定每朵花放置的位置。我问他是如何决定每个位置用什么花型的。“我们从碗中随机拿出小方格纸定的，”他说，“一个碗装有标注花朵位置的方格纸，而另一碗的方格纸则表示花型。”正如肯宁汉的编舞，随机选择系统的运用成就了这个作品，但同时是艺术家决定了其整体内容、含义和总视觉效果。

我不是特别精通舞蹈艺术，但我从舞者那里学到很多。我的朋友佩吉·古尔德（Peggy Gould）是一位纽约市的舞蹈家和编舞家。几年前的一个晚上，当我在编舞家萨拉·拉德纳（Sara Rudner）的一次排练工作前坐着时，我发现了她作为一位编舞家的工作内容与我作为一名视觉艺术家和景观设计师之间的相似之处。佩吉和我在排练结束时探讨了一番，第二天我在日记上记录下了我们在谈话中的一些想法：

> “我很开心能去看昨晚佩吉的彩排。我发现它十分吸引人，我在图案、空间和时间中迷失了自己。我思考了很多关于景观元素的连接：重复、模式、有序/无序、空间演变、运动、转移视点，焦点随着时间转换。
>
> 佩吉和我谈了这些和我的涂鸦本之间的联系：在图案中设定随时间变化的规则，随着时间变化而产生的多层图案互动。张力、无序、同步、层叠。秩序与无序，随机与控制，即兴、偶然和概率——所有一切都在某种总体模式或结构中得以发挥。”

舞蹈是一种有关空间和时间的艺术形式，这是舞蹈艺术与造园艺术之间联系的一部分。作为舞蹈家和编舞家，佩吉被空间为超乎寻常的运动或动作提供可能性所吸引。在纽约小山镇（Mountainville）的风暴之王艺术中心（Storm King Art Center），她发现自己沉浸在以色列雕塑家门纳什—卡迪什曼（Manashe Kadishman）在1977年创作的一个叫作《停滞》（Suspended，1977）的作品当中。其巨大

在纽约小山镇的风暴之王艺术中心，佩吉被以色列雕塑家门纳什·卡迪什曼的一个叫作《停滞》的作品吸引。她对作品的直观反应是一种坠空感，在雕塑下方空间对飞跃的渴望，并将此空间充满人类存在的消逝感。杰里米·邓恩（Jeremy Dunn）拍摄。

的钢箱悬挂在地面之上，其下的空间中能体验到紧张的甚至是危险感。

我问佩吉这个特殊的雕塑带给她什么样的动作灵感。“飞行，在这种情况下，”她告诉我。“悬钢下创建的空间将我送到空中。在这个空间中飞翔的愿望是瞬间的、本能的、为本欲驱动的，既是一种视觉冲突又是一种动觉体验。这是一种涂鸦。对于舞蹈而言，这里展现了卡迪什曼创作了一种人类短暂存在的空间。这是舞蹈对这位雕塑家的回应。”

最近，我有机会和佩吉以及一队不同风格的艺术家合作一场演出。

作品名字叫作发光的房间之内外（From Within and Outside a Bright Room）。这是佩吉基于托尼·库什纳（Tony Kushner）的剧本《A Bright Room Called Day》创作的，它讲述的柏林犹太人大屠杀时期一群朋友之间的互动。我的任务之一是给五个演员设计表演服装。和植物打了这么多年的交道，我很兴奋能有一个机会为不同的生命形式进行设计：人类的身体。更高兴能密切参与到一种新的艺术合作工作，而且从每一个参与者那里学到的内容都超出我的预料。

在纽约斯克内克塔迪（Schenectady, New York），和本地高中艺术学生一起长达一周的共同居住生活来完成项目全面编排，这对于这个工作营来说是很重要的。每天，会有两三个小时给学生来尝试融入项目的各个领域。舞蹈演员和舞蹈指导朱尔斯·斯鲁特（Jules Skloot）编排了一个增进一个人和另一个人之间身体互动的练习。朱尔斯让每个人运用身体某个部位进行一系列的即兴表演，将手压到一起、肘对肘、脚对脚等等。小组在地板上以移动两只脚，然后两只脚加一只手，以及两只手加一只脚的方式移动，最后将身体正面贴在地板上。我们没有太多机会只使用身体的局部——手、脚、肘、头部——因此丰富度来自于对不同部位的选择与组合。

联想到园林设计，我想起自然界无数的形状和图案，设想着将它们结合起来将会达到怎样的丰富度。有时候组合与混搭就是一切。

作曲家艾娃·贝格拉里昂（Eve Beglarian）以卡特里娜飓风灾难和随之而来的政治危机为基础写了一篇乐曲。这件作品以一支艾娃创作的现代曲为起始，随之巴赫旋律逐渐显现。她谈到在这个新主题中打开一些空隙，允许巴赫旋律隐约显现。“一个模式某些地方的侵蚀，”她说，“可以让其底层的模式得以浮现。”我注意到她是用视觉的语言来描述一件音乐作品，而她对空间词汇的使用令我想起来为何建筑常被称为凝固的音乐。我一直觉得由生物组成的花园更具有律动感，比建筑更接近于音乐。像许多我很佩服的艺术家一样，艾娃在无序与秩序之间的互动方面进行创作。

“有了无序。”她说，“然后运用一种算法来创建秩序。如果你不喜欢这个结果，你可以改变你的算法。”

“什么意思，”我问，“当你说‘不喜欢这个结果’？”

“我的意思是，如果它不够美的话。”她回答说。

我感到非常遗憾多年来不能在景观设计中开放地讨论美，艾娃告诉我在音乐界也是这种情况。这也是区分景观设计师与园林设计师的一点。谈论美感在注册景观设计师的世界中基本上是一个禁忌。我想一旦你克服万难通过了注册考试并证明你拥有良好的训练培训和资质，讨论这些无形或“软”的内容会被认为是对你的职业地位不利。美并不存在于注册考试中。而园林设计师往往不会有这样的担心，所以设计中的美是他们频繁讨论的话题，没有人感到因沉迷于美而需要道歉。

佩吉也邀请了一位作家参与到《明亮的房间》的协作中，她的名字是帕梅拉·斯尼德（Pamela Sneed）。帕梅拉提出了一种写作方法：你从刚开始写开始，持续不停。她告诉我们去不断获得具体的细节，来写一些东西并将浮现在脑海中的任何想法都描述出来——比如人的穿着、天气、所有和每一处细节，即使这些看上去是无关的。这让我想起我第一次实地考察并做草图的场景。不需要过多的修改，我只是看着前面的场地并简单记下我的下意识想法，在我认知到它之前灵感已经在涌动。

园林设计师可以从表演艺术家那里学到很多东西，我们应该感到幸运，因为一旦我们的作品建成，是相对永久的。而行为艺术却是如此充满时间性、如此短暂，而其短暂的性质可以说是对一个艺术家的巨大挑战。一位舞者往往为了准备一个表演花好几个月时间，而表演在观众面前只有一两个小时。

最左边：康拉德·哈姆曼为他自己设计花园的过程，包括他的一系列抽象画，以在他的工作室画这幅花卉静物画开始。

左边：在基于原始静物的一系列绘画中，图像随着每一次重复而变得越来越抽象和建筑化。

在绘画中倾斜的线条直接转换成花园的主要设计图案，即围栏所延伸出来的与地面相接的斜线。

表演不一定是一去不复返了，它可以重复，但它需要吸引资金让它重现。想象一下不得不持续地筹集资金以保持花园的生机以展现在公众面前。花园确实需要不时地维护，甚至需要大翻修——但建成的花园很少会在刚建成露面就完全消失不见的。

艺术与设计过程

我拜访了康拉德·哈姆曼，我本科的设计老师，谈论了他费城西部的花园，这是一个边界处有着棱角分明的漆木栅栏，看起来像是从早期彼埃·蒙德里安（Piet Mondrian）的绘画中出来的一样。康拉德的作品说明了绘画与花园设计之间的关系。我们这些年来谈过很多关于抽象的事情，以及在设计工作中他如何以推动创意进程的方式绘画。他谈到了早期的抽象画家，包括蒙德里安，如何将自然中的现实景象发展到抽象层面，也谈到了为什么他们的抽象绘画怎样比后来那些一开始没做形式研究的画家更有深度。

康拉德是一个抽象画家，也是一个景观设计师。我问他抽象绘画中的造型是否影响他园林的设计。他说，不会，在设计他自己的园林前都不会。之前所有项目的设计主要是对现状条件的一个创意反应：现场地形、树群、石群、视线的通透和阻隔、客户的需求和园林的使用目的。“这些都是因素，”他说，“这些引发了设计的过程，而后设计师创作一个和谐的作品。”然而，他自己的花园，一块毗邻着他的联排别墅的矩形平坦土地，为他提供了一个几乎空白的画布来创作。

他一直认为自己会设计一个类似蒙德里安的直线条的花园，用垂直的围栏嵌板作为设计整体的一个组成部分。但是，他将许多描图纸在绘图桌上重叠后，最终设计是源于一系列自己的抽象绘画作品，而非源自蒙德里安。“在这些画中，”他告诉我，“我将碎片和几何形状，包括三角形、平行四边形、六边形，组合成一个动态的作品。”

这个过程是他受到了在里约热内卢的朋友和导师，罗伯托·布雷·马克斯的影响。“罗伯特给了我一堆摊开的画布，”他解释说，“并让一位他的园丁呈上盛开的热带花卉静物，从静物和写实绘画开始，一幅又一幅，他推我走向抽象。”

他的整个园林——不仅仅只有栅栏的设计——灵感来自抽象绘画的序列，栅栏的垂线继续向下穿过地平面，同时也定义了花圃的形状。在这个园林里，就像是体验一个抽象的现代主义绘画的三维展示。

我曾经问康拉德美感是否在抽象概念设

EAST SIDE — ELEVATION

SCALE: 1/2"=1'-0"

上图：康拉德·哈姆曼有着富含表现力的绘画风格，即使在那些主要是为了传达一个设计的技术细节的建筑图纸中，也体现着他的风格。在这幅瀑布花园的设计图中，立面高度变化用精确的技术显示出来；石块和植物被渲染出丰富的质感与形式。

左图：在罗伯托·马克思和康拉德·哈姆曼为长木花园温室设计的瀑布花园中，凤梨属（*bromeliads*）、莺歌属（*vrieseas*）、维萨会肯片岩和流水的布置展示出了抽象表现主义的编排。

计的过程中起到作用，以及为什么现在这么多景观建筑师似乎不愿意在他们的工作中把美作为一个至关重要的元素来谈论。“加尔文主义的传统，”他回答说，“这个传统倾向于把美和装饰等同于奢侈、虚荣和罪恶。”当我们谈论起西方文化的美时，他解释说，这是挑战我们保守文化根基的一个重要方面。作为设计师，挑战旧的保守主义是必要的，因为我们需要美。它是我们物质和精神生活中的一个不可或缺的创造性的力量。

康拉德的作品体现了很多现代美术运动的原则，特别是立体主义和抽象表现主义。19世纪初，立体派画家像乔治·布拉克（Georges Braque）和巴勃罗·毕加索（Pablo Picasso）引入了多视角的概念，从很多视点同时感知一个事物。不同视点的感知构成整合的经验，并暗示一段时间内空间中的运动。在园林中的行走能提供多个视点感受，比在绘画里要丰富许多。在园林里，三维展示是实际存在的，而不是暗示。此外，它是全方位的感官体验，而不仅仅局限于视觉。

20世纪40年代和50年代的抽象表现主义试图表达出纯粹的情绪和感受，借助内在自我，而非外部物体或风景。他们创作来自内心世界的即时图像，以超越物理环境。对我来说，园林为我提供了类似机会进行自我表达。这是一个通过个人创意可以释放自我并体验与活生生的世界之间联系的空间。

瀑布花园，是罗伯托·马克斯和哈姆曼（Hamerman）在1992年为长木花园的一个温室设计的，展示了一些立体主义和抽象表现主义的原则。它戏剧化地展现了一些热带植物，如姬凤梨属（earth stars, *Cryptanthus spp.*），喜林芋（*philodendrons*）和帝王凤梨（giant vriesea, *Vriesea imperialis*），而最引人注目的是各种具有很强的雕塑形态的凤梨科植物集合。这些植物分布在石墙和瀑布（花园的名字正是由此得来）。许多植物是附生植物，以不同高度紧贴在墙上，正如在它们的原生环境可能会依附在树木和岩石上一样。

这个设计很好地利用了一个高而开放的空间。其上部和下部的区域是由蜿蜒的小路来连接并呈现一系列变化的视角。你可以从上方和下方以及从不同的侧面来观赏植物，并且你可以选择是否要快速移动，或停驻于沿途各点。该瀑布提供了律动感、动态的展示以及各种声景来帮助你远离喧闹的外部世界。

形态和色彩丰富的植物在场景中大量应用，犹如抽象艺术家将颜料抹在整片画布上一样。虽然在植物布置、墙壁和水的设计中有很清晰的控制，但郁郁葱葱、旺盛生长的典型热带植物带来了即兴和自发的兴奋。

整体感是因丰富的形状、形态和色彩而感到的一种愉悦，但组成不能过于复杂。对于显眼的花瓶型的凤梨属（*bromeliads*）和莺歌属（*vrieseas*）植物的重复运用使细节不至过于混乱，为整个设计创建了一种统一感。

尽管选用的全是热带植物，设计师依然使用宾夕法尼亚州本地的石头作为花园里的建筑构成。康拉德亲手挑选石头，石头来自附近的采石场的维萨会肯片岩。具有讽刺意味的是，最有雕塑感的石块是从一堆原先被认为不完美而不打算使用的石头中选出的。这种材料常广泛用于该地区的建筑和园林的墙壁，它有助于使外来植物更好地融合于瀑布园林和当地的景观。大部分到长木花园的游客知道凤梨和其他热带植物不可能生长在他们自家的花园中，然而当地材料能释放出一股微妙的熟悉感，拉近游客和这些植物的距离。

比尔·弗雷德里克和康拉德·哈姆曼在亚什兰山谷中创造了这个抽象的构图，一条森林小溪。人工岛上的清新的雕刻形式增强了周围树木的有机特征。整体氛围是宁静的，人类的艺术与森林的内在美形成了完美的平衡。

园林作为一个独特的艺术形式

比尔·弗雷德里克和我有一次去缅因州海岸的阿卡迪亚国家公园徒步旅行。中途休息的时候，我们坐在一片淡水沼泽边的乡下长凳上，欣赏着盛开在我们周围的乡土植物美黄芩（blue skullcaps）。比尔喜欢类似面试的对话形式。有一次在午餐桌上，他从衬衫口袋拿出一小块纸来给我阅读上面的问题。“你怎么看待欣喜若狂，它是如何与园林设计联系的？”我很喜欢这种方式。我不太记得我们当时对欣喜若狂和园林设计两者关系是如何做的结论，但我确实记得我很开心有这样的交流。坐在阿卡迪亚公园的板凳上似乎应是很好的谈论花园的一段时光，所以我问比尔如何看待将园林作为一种独特的艺术形式。

他的第一个回答是园林会随着时间流逝而变化，包括随着从一个季节到另一个季节的逐步转变以及每一年的长期变化。有时这些变化促使对园林的最初设计进行修改。园林作家麦克·格里斯伍德（Mac Griswold）经常称园林是“最慢的表演艺术”。我认为这是不可否认的，没有其他的艺术形式，是需要持续的人力投入以管理有生物随时间变化而产生的演替过程。

第二点使园林独特于与其他所有艺术，是其序列和空间进程。你必须完全穿过一个园林来欣赏其中每一个存在的各种关系，包括植物和支持它们的建筑元素。虽然一些园林可以从一个固定的角度来充分体验（参禅园林是最好的例子），但是大多数需要在移动状态下欣赏，获得所有的体验。

接着，我们谈到了多种感官的参与：嗅觉、听觉、触觉和视觉。这种多感官体验的同时性可以把你置于另外一个维度。通感——一种感官由另一种感官刺激所触发——有时被形容成脑神经失调，但在艺术领域它也有诗意的表达。“吵闹的色彩”就是一个结合听觉和视觉来描述一种不愉快的感觉的例子。而触觉和视觉的相结合，经常被用来形容一个积极的情绪或感觉。比如“冷绿色”或“暖红色”，词汇结合了触觉和视觉，被经常用于描述一种积极地心情或感觉。通感的诗意表达，比如“刺耳的色彩”或“甜的香味”，通常用来形容在花园中的经历。

气候是园林中的另一独特的因素。真正优秀的园丁们知道如何搭配特定的植物以实现不同年份中所期望的效果，尽管他们不能完全准确预测出气候的变化，无论是在一天里的天气还是随季节更替的气候。在全球变暖的今天，季节的变化似乎越来越难以准确预测。每年不同的气候导致不同的植物每年都会有不同的组合形式，所以随机变化成了园林艺术的另一个不可缺少的组成部分。在特拉华州温特图尔花园（Winterthur garden）的最近的一个春天里，季节气候的进展是这样的，早花植物开花日比平时晚，而晚花植物早开花。那年五月初，我游览温特图尔的日晷花园时发现了这种令人惊讶的现象。

最后，比尔说道，一座园林最有别于其他艺术形式的特点是，在活生生的植物中间的无形体验，与植物一样呼吸着相同的空气，感受着相同的暖阳。没有任何其他的艺术形式会与我们生活的世界有如此深的联系了。

第5章　作为艺术的园林：杜邦的温特图尔

亨利·弗朗西斯·杜邦（Henry Francis du Pont）从1880年出生直到1969年去世一直居住在温特图尔博物馆乡村庄园（Winterthur Museum & Country Estate），它结合了1000英亩的郊野场地，60英亩林地花园和一栋作为全世界最完整的美国装饰艺术收藏场所之一的房子。庄园中心的邻近房子是温特图尔花园。自1998年以来我有幸与那里的员工一同从事园林的恢复和持续建设工作。我对这个地方越加熟悉，就越意识到这是20世纪的园林建设中最伟大且最被忽略的一件艺术作品。

杜邦在他整个一生的温特图尔花园建造中投入了巨大的资源，采用了一套复杂且精细缜密的设计原则。在同一个地址工作数年会产生神奇的效果，你会熟悉整个过程并且目睹整个过程中一点一滴的变化。这是一个可以广泛地研究杜邦的成就，同时又能将他的遗产继续保持生机的机会，作为一个设计师的我在很多方面得以启发和深化自己的作品——从对色彩和季相变化的思考，到致力于将具有本地的场所感融入一个完成的设计中。

这幅画总结了温特图尔花园橡树山部分的主要颜色主题，包括红色的‘萤火虫’杜鹃花（‘Firefly’ *azalea*）、多个品种的丁香（*lilac*）以及黄色的橙杜鹃（*Rhododendron austrinum*）。

一种强烈的场所感

温特图尔位于特拉华州北部和宾夕法尼亚州东南部的布兰迪万河山谷，那是一个风景如画的地方，有着独特的历史和清晰定义的场所感。布兰迪万河蜿蜒穿过田野、绿篱、森林、草地、历史悠久的农场和村庄——都很好地得到保护，避免了已占据当地大部分区域的居住区和购物广场的视觉干扰。这些现代化的入侵主要被限制在高地，所以今天仍然可以游遍布兰迪韦恩的滨河景观，并想象该地区一百年之前的景观可能是什么样子。

艺术一直被作为文化景观的一部分。19世纪末和20世纪初，伟大的美国艺术家霍华德·派尔（Howard Pyle）就住在布兰迪韦恩河附近。他被公认为是美国插画之父，在1883年创作并绘画了众多经典冒险故事之一的《罗宾汉奇遇记》(The Merry Adventures of Robin Hood)。1903年，他在特拉华州威尔明顿创立了霍华德·派尔艺术学院，这个培养了一批艺术家的学校，至今仍然以布兰迪万画派著称。怀斯（N.C. Wyeth）是他最早的一批学生之一，曾在1911年为罗伯特·路易斯·史蒂文森的《金银岛》(Treasure Island)画第一版的插画，在1919年为詹姆斯·费尼莫尔·库珀的《最后的摩根战士》(The Last

of the Mohicans）制作插画。怀斯的儿子，画家安德鲁·怀斯（Andrew Wyeth）歌颂了当地的自然景观和文化遗产，使布兰迪韦恩画派成为美国最伟大的艺术运动之一。布兰迪韦恩画派具有冒险、浪漫和自然美的特征，并有着一种强烈的本地场所感的唤起。杜邦自己便是布兰迪韦恩画派的一员，他创造了温特图尔花园来表达自己的文化历史情感，以及对园艺和他所生活的乡村景观的热爱。

杜邦家族于19世纪初自法国移民而来，沿着布兰迪韦恩河开办火药厂。杜邦·德内穆尔（E.J. du Pont de Nemours）是第一个家族移民，在护照上他把自己称为一个植物学家。他的继承人继续创建了一些世界上杰出的园林，如长木花园、正统法国风格的内穆尔府邸和花园、古巴山中心的自然林地野花花园和温特图尔花园——这些花园都分布在布兰迪韦恩河山谷地区。

相比我所知的20世纪上半叶时期的其他园林，温特图尔展示了园林可以是一种精美的艺术。它这是由一系列的园林构成的，这些不同地点的花园被完美结合为一个整体。这座园林是被如此巧妙地被融入自然化的林

最左侧图：干草收获于温特图尔的开阔农场，微妙的曲线是布兰迪万河山谷景观的特色。我喜爱两捆巨大的干草与红色的北美香柏之间似乎在进行的对话。不要问我拖拉机是怎样上天的，它就是在那里。

左图：这里展示的是一张1925年的手工涂色玻璃幻灯片里的下沉花园（Sunken Garden），它就是杜邦经常提及的他母亲的玫瑰园。这座花园在1960年因博物馆扩建而被拆除。玫瑰凉亭的柱子原来放置在仓库中，要走进温特图尔儿童花园——魔法林才能找到他们。图片由哈格利博物馆图书馆的斯普鲁恩斯收藏提供。

地环境中，以至于许多游客都没有意识到这是一个人为设计的景观。

生活的激情：杜鹃花树林

杜鹃花林自20世纪50年代首次向公众开放以来，一直是温特图尔最受欢迎的春季景点。盛开着的杜鹃花总能吸引一大群人。杜鹃花林经常被描述为一个多彩、和谐且自然的设计杰作，它包含了大量的常绿杜鹃和久留米杜鹃品种。

查尔斯·斯普拉格·萨金特（Charles Sprague Sargent）是杜邦的一个密友，从1873年哈佛大学阿诺德树木园建成到1927年他去世，他一直是该园的主任。在萨金特担任主任期间，他发起了中国和日本的重要收集考察工作，由英国植物收藏家和探险家欧内斯特·亨利·威尔逊（Ernest Henry Wilson）带队。当时，丰富多样的亚洲植物才刚开始被西方园艺家所赏识。他被称为“中国的”威尔逊，是他引种了大量令人兴奋的新植物，这些植物在今天的西方园林中已经成为主流。我们要感谢萨金特和威尔逊在连翘（*Forsythia japonica*），中国金缕梅（*Hamamelis mollis*）和日本紫茎（*Stewartia psuedocamelia*）等许多植物的引种上所做的贡献。杜邦最喜爱的是久留米杜鹃花，那是威尔逊于1914年在东京北部的一个苗圃第一次看到而引入的。久留米杜鹃花于1915年在美国旧金山的巴拿马-太平洋国际博览会上展出，因其紧凑的外形、四季常绿的习性、布满整株的丰富花朵以及均一而有光泽的色彩而获得了金奖。

1917年，杜邦第一次看到这些杜鹃花是在小屋花园，那是他最喜欢的一个长岛苗圃。他买下了苗圃的全部17个久留米品种的杜鹃并立即将它们种植在著名的杜鹃花林。最近流行的美洲栗枯萎病打开了森林的树冠，引入充足的光线，同肥沃深厚的土壤一起，为日本杜鹃花提供了完美的栖息地。1945年至1951年间，杜邦开始扩大对杜鹃花种类的收集，在每年春天摘取不同植株的开花嫩枝进行颜色组合的评估。他指导园丁在盛花期移动完全成熟的植物，并重新组合。杜邦采用印象派画家的方式进行工作，把杜鹃花当作颜料，而森林的地面作为画布。

在温特图尔花园的其他区域，杜邦的园艺库远远超出杜鹃花的范畴——紫丁香、荚蒾属、牡丹、水仙花和林地野花等植物也是他的热爱。从他的时代到今天，他的员工和接班人继续秉承着他那高超的园艺成就。他的分类学家哈尔·布鲁斯（他也在特拉华大学教园艺写作）在1974年为美国红荚蒾‘温特图尔’（*Viburnumnudum*‘Winterthur’）命

杜鹃花森林是杜邦在温特图尔花园中的第一个作品，今天它仍是最受游客欢迎的景点之一。它起源于杜邦在1917年从长岛苗圃获得的一组久留米杜鹃，它们是有史以来首次从日本进口到美国的这类杜鹃。

名。因其绚丽的花朵和秋天深红的叶色，直到今天它仍然是最受欢迎的荚蒾属栽培植物。

色彩鉴定家

杜邦经常被引用的一句话是："色彩比任何其他因素更重要。"但他的园林艺术远比这复杂得多。在艺术方面他是个专家，能把色彩的色相、明度和色调精细组合运用到园林中，而他尤其关注这些色彩组合将如何随着时间的流逝而逐渐变化。他在编排不同配色方案方面是一个大师，随季节变化，这些植物的色彩会一周一周地产生渐变。虽然色彩的组合可以很容易用照片来表示，但你必须要保持一定频率参观温特图尔花园，才能充分理解和欣赏杜邦深刻的色彩编排艺术。

在温特图尔花园帮助工作人员开展花园修复和发展的过程中，我开始理解到在一座园林中时间的复杂性。在任何园林里时间的体验是多方面的，有多个尺度的时间在同步

运行。首先是你对一座园林的任何一次参观所用的时间，即你自己于特定的一天在那个地方所待的时间。在一天时间里，每个小时的光线都随着太阳在天空的移动而变化。那可能是阳光灿烂的一天，也可能是阴沉多云带有烟雨的一天，或者是撕破云层一场突如其来的倾盆大雨。第二个尺度的时间发生于给定的一年时间内，植物的季相变化。最后是更大的时间跨度，即一年又一年的植物成熟和空间演化的长期过程。园林中的任何时刻都会呈现一个由这些不同时间尺度构成的完全独特的组合，每一个时刻都不相同。一个真正精致的园林会给提供一个无穷体验、喜悦和灵感的源泉，你必须一遍又一遍地参观才能真正理解它。

杜邦像着迷于他的色彩理论一样痴迷于季相变化，他每周都会很细心地记录花园里的变化。不在家的时候，他会让他的员工拍下花园的照片，以便回来时能够评估可能发生的任何微妙的色彩变化。杜邦总是按照不

温特图尔花园坐落于一片成熟的山毛榉和北美鹅掌楸树林中，在这幅画里呈现的是这片树林近乎抽象的强烈秋季色彩。

从博物馆附近的露台欣赏温特图尔花园，许多人认为这样的景色是自然形成的。实际上，这是一个在原先存在的成熟森林的林冠下进行精心设计的作品。

同季节的时间规律来调整他的植物配置。正如前面提到的，他甚至移动过处于盛花期的成熟的杜鹃和其他花灌木。当配置花园里的植物时，他让园丁们像大树一样站立并伸展他们的手臂，然后示意他们像某个方向移动几英寸。花园的整体体验每周都发生改变，所以他沿着步道放置可移动白色的木制箭头，以引导他的客人在特定的时间里按照理想的园艺路径参观——温特图尔员工将这种方法一致延续到今天。

日晷花园是杜邦在1955年与玛丽安·克鲁格·科芬（Marian Cruger Coffin）合作设计的花园，它展示了杜邦的种植方案可以有多么复杂。春季的色彩变化被巧妙编排，每一周都呈现渐变。在日晷花园的一个角落里，翻涌着白色的花环绣线菊（*Spiraea* × *arguta*），毗邻着一株盛开粉色花的贴梗海棠（*Chaenomelees speciosa* ‘Moerloosei’，原

日晷花园（Sundial Garden）说明杜邦的颜色编排的复杂性。白色和粉红色的绣线菊和海棠定义了主要的色彩主题，未完全开放的琼花在一旁能添加跳动的黄绿色形成对比。

名“苹果花”）。附近有一株红蕾绣球荚蒾（*Viburnum ×carlcephalum*），即芳香雪球荚蒾，小的白色的花头上有淡粉色的花蕾，芳香浓郁。紧邻这三株灌木的是另一株开花的海棠——一个不知名的红花品种——以及一株大的琼花（*Viburnum macrocephalum* ‘Sterie’），即中国雪球荚蒾，琼花通常开着巨大的白色花头，但杜邦在这个配置中特意把还未成熟的黄绿色花朵的琼花与粉红和红色花朵的海棠种植在一起。当海棠花已经凋谢时，琼花的花朵才呈现出完全的白色。

三月河岸和温特图尔步行道

在温特图尔，花园的春季展示在杜鹃花林开花之前就开始了。在二月末，三月河岸伴随着小林地花卉的大面积盛开而恢复生机。杜邦于1902年第一次在“三月河岸”进行种植，当年他22岁。他在树林坡面上开始种植野生水仙花，最终增加了数千株番红花（crocus）、海葱（squills）、雪花莲（snowdrops）和雪之华（*Chionodoxa*，glory-of-the snow），营造出一波又一波小花组成的花海。结果在巨大的竖线条成熟山毛榉、橡树和北美鹅掌楸中间，形成了水平面上巨大的蓝色、白色和黄色色块涌入和退去。对于种植在三月河岸中的球根植物，最近的一次对其数量的保守估计为一百万以上。

四月初的温特图尔步行道是公园里主要的观光点，大量的淡紫色的迎红杜鹃（*Rhododendron mucronulatum*）被间植在各种各样的淡黄色的蜡瓣花属（*Corylopsis*）植物中。淡紫色和黄色是杜邦最喜欢的组合之一，温特图尔步行道的植物配置也显示了他对于这一主题的执着。他解释说，尽管这两种颜色是补色，但这两种颜色可以紧密结合在一起是基于这些植物有一种温暖的淡紫色（紫色通常是一个很冷的颜色）与一种凉爽的黄色（通常是温暖的颜色）的事实——这是一个很好的关于园林设计师像艺术家一样思考的例子。实际上，你仔细观察可以看到蜡瓣花的黄色是非常朦胧地带绿色的，说明是加入了一丝蓝色的，而紫色花的迎红杜鹃带有点桃粉色的色调，更相近于光谱上的暖色调范畴，这些微妙的颜色调和着整体色彩上的强烈对比，拉近了光谱上所有的颜色的距离。

杜邦知道这远远不是在一株紫色植物旁边栽植一株黄色植物，然后说“哇，看那色彩组合！”那么简单。通过其他植物的组合也能很容易形成强烈对比的效果，比如把一株如‘绯红的士兵’挪威枫树（Norway maple）和一株黄色的‘旭日’美国皂荚（honey locust）栽植在一起的组合。在北美的城市中这是一种常见的行道树组合，是没有

在三月河岸的成熟山毛榉和其他林地树木下，有超过1百万株球根花卉在2月底开始盛开，从黄色的冬菟葵（*Eranthis hyemalis*）和白色的雪滴花（*Galanthus nivalis*）起始，以成片的蓝色海葱（*Scilla* spp.）和雪光花（*Chionodoxa* spp.）结束，如图所示。

上图：三月河岸附近的山谷里，大片传统花型的玉簪（hosta）在六月开着蓝花的黑升麻（*Actaea racemosa*, black snakeroot）纤弱的白色花序从它们中升起。

右图：这是温特图尔最壮观的开花灌木的组合之一，淡紫色的韩国杜鹃（*Rhododendron mucronulatum*）与多个种类的淡黄色蜡瓣花（*Corylopsis* spp.）同时开花。

左图：在一个温暖的春日，蜡瓣花步行道的一端，一株杂交樱桃（*Prunus* 'Accolade'）和韩国杜鹃花（*Rhododendron mucronulatum*）突然盛开。在这个完全被鲜花包围着的地方，游客们可以进行放松、读一本书，或者只是短暂停留一会儿。

上图：美国梧桐山上，四月带来了另一种杜邦最喜爱色彩组合的表现方式。偏玫瑰红的淡紫色紫荆花（*Cercis canadensis*）和一系列连翘（*forsythia*）种类和品种（比多数连翘种类的花更偏嫩黄色）一起开花。

这幅图拍摄于五、六月梧桐山开花季节的高峰，由前往后的植物依次是，红王子锦带（*Weigela* ‘Red Prince’）、互叶醉鱼草（*Buddleia alternifolia*）和白色的壮丽溲疏（*Deutzia x magnifica*）。

通过精妙设计的搭配。而在杜邦的温特图尔步行道中，阴影微妙变化引发了一个微弱感应，使得色彩组合生动而富有变化。它将你的注意力延伸到最初的色彩冲击之后，呈现出某种令人止步和沉思的效果。就像品味一杯陈年而富有层次感的梅乐（merlot）或勃艮第（burgundy）一样，这与一口喝干一杯廉价没有商标的红酒的感觉完全不同。

不仅仅是观看植物，更重要的是以多种感官刺激围绕着游人。当你沿着温特图尔步道行走，你会完全被如地毯般铺开的藜芦、大片的韩国杜鹃花以及蜡瓣花所吞没，将你带入另一个世界而使你忘掉了刚进入花园时脑海中的一切思绪。你不需要驻足观看沿途不同的植物组合，你事实上花了很长一段时间在里面穿行，游览一个又一个的景点。杜邦的基本设计原则之一就是设计一种特别的花园游览方式，各个景观场景之间形成微妙的过渡，使你在还没有完全意识到已经离开上一个场景的时候，就发现自己已经身处一个新的体验。

工作关系

合作过程是我工作的核心。我从杜邦的遗产中学到很多这方面的内容。最杰出的园

温特图尔公园的很多细节是如此微妙，以至于它们几乎不会被注意到，比如植物和硬质元素的完美结合。这里的垂盆草（*Sedum sarmentosum*）生长在一面老挡土墙的上部和缝隙中，而玉簪（*Hosta lancifolia*）沿着墙底部生长成带状。

林往往是合作的结果，虽然温特图尔可能是杜邦的智慧结晶，但他也得到了很多园艺家、设计师和工匠们的帮助。我努力把这一原则融入设计过程的每个阶段。从执行董事到园艺家，从工程师到工人，每个参与创作园林的人都能提供一个独特的视角。关于场地，一些最宝贵的经验，以及对游览者的影响往往来自于最意外的之处。

虽然温特图尔花园的大部分是由杜邦自己设计完成的，但他的确从一位好朋友那里得到了重要的帮助，她就是景观设计师玛丽安·克鲁格·科芬（Marian Cruger Coffin）。她第一次随母亲参观温特图尔时还是个孩子，1990年代初和杜邦成为朋友，那时她是麻省理工学院新成立的景观系学生，而他在哈佛大学布希学院学习园艺和农学。他们发展了一段深厚的友谊，在新英格兰一起参观花园和画展。1927年，杜邦的父亲去世，他继承了温特图尔，一年后他委托科芬在房子周围设计一系列正式的花园。那时她已在纽约和康涅狄格设计了很多庄园，以及少量在特拉华州和其他地方为杜邦家族其他成员设计庄园。自1918年以来，她一直在纽瓦克从事特拉华学院的校园设计，特拉华学院后来成为了特拉华大学。

在温特图尔的设计中，玛丽安·科芬主要负责的是建筑园林空间的设计，而杜邦是自然区域的设计。在科芬设计的空间节点上放置着古怪的雕像和装饰品，它们已成为了温特图尔的花园词汇和场所感的一个重要组成部分。

杜邦对技艺和手艺有很大的兴趣，正如园林以及周围庄园里的精美石雕所展示的一样。在1990年代早期，一波又一波的意大利石匠移民到特拉华州。虽然他们也帮助建造杜邦家族的家园，但其主要工作是沿着布兰迪万河畔扩大工厂的建造，在宾夕法尼亚州埃文代尔附近的采石场进行劳动以生产石材。他们中的一些人也接受了园艺训练，在当地的切花行业工作或者是当庄园园艺师。

我和约翰·费利恰尼（John Feliciani）谈过这段历史，他目前是温特图尔的园艺馆长和园艺部主任，他们家族在温特图尔工作的第四代成员，他还是十岁孩子时就以每小时50美分的薪水开始在那里工作。在19世纪20年代，约翰的祖先从意大利移民，他的曾祖父亚伯拉罕·拉加佐（Abraham Ragazzo）是温特图尔庄园的劳工。约翰的祖父朱塞佩·费利恰尼（Giuseppe Feliciani）是切花花园的主管，而之后这项工作又由约翰的父亲阿尔伯特·费利恰尼（Albert Feliciani）担任。

切花花园包括了八英亩精心修整的草坪步道和花坛，所有的植物都是精心栽培、去枯萎花头以及保持杜邦的完美水准。所有植

杜邦家族中有过很多工程师，杜邦对于他农场基础设施的骄傲与对他的花园一样。这个堰堤系统在当时采用了最新的技术。与许多美国乡村的庄园时代（19世纪末到20世纪初）一样，远处的景色反映了欧洲的历史风格。

在这幅画里我把堰堤构造放在了前方中心位置。我花了些时间思考这个农场景观，从而帮助自己理解和内化了温特图尔的场所感。

物的浇水都是由最先进的黄铜活塞驱动灌溉系统来完成的，约翰回忆起灌溉系统前后喷水就像观赏喷泉。作为实业家，杜邦家族成员们为这些硬件而感到骄傲。在附近的长木花园，杜邦的表弟彼埃尔·杜邦（Pierre du Pont）的喷泉是北美最壮观的观赏喷泉之一，但他真正的骄傲和快乐来自其工程技术，即精心制作的水泵系统和驱动喷泉展示的阀门。

在温特图尔，杜邦的创造力超越了园林中植物和空间的艺术组合，超越了建筑内部家具和装饰物的精美布置，以涵盖在这个庄园内的所有技术工作。温特图尔花园不仅是他对园艺热爱的一种表达（这种热爱源于他对布兰迪万河山谷的独特场所感的与生俱来的理解），也是一种他与土地以及一同工作的人保持一段持久关系的产物。

遗产的传承：橡树山

在1969年杜邦去世的时候，正在尝试把他最喜欢的淡紫色和黄色组合延伸到秋季。在今天温特图尔的园艺员工们仍在继续恢复花园里橡树山区域景观。杜邦在温特图尔用40～50年时间来使温特图尔的一些景点尽善尽美，如三月河岸，然而在他去世前他在橡树山上投入了近20年的精力。所以从某种意义上，与其说我们是在恢复该地区的景观，不如说我们是在继续完善它。最近一场强烈的风暴吹倒了山上一些成熟的橡树，所以我们有了一个光照较好的环境来开展工作。最初种在这里的许多灌木，在公园其他区域被发现具有入侵性，包括卫矛（*Euonymous alatus*）和毛叶石楠（*Photinia villosa*），所以我们对最初的植物列表做了一些修改。

我们开始将原本被种植在小山丘上的所有植物列成清单。然后我们在这个列表里增加了一些可能在1960年代还没有，但现在有供应的植物，特别是那些秋色叶植物。接下来对这些植物的效果进行评价，温特图尔的员工提出以下四个原则：它们是罕见的或不寻常的吗？它们是环境上可持续的吗？它们对温特图尔来说有历史意义么？它们会吸引游客吗？

在橡树山的某一部分，杜邦种植了枸桔（*Poncirus trifoliate*）和白棠子树（*Callicarpa dichotorna*），以及一个金黄色果实品种的荚蒾（*Viburnum dilatatum*）。就像蜡瓣花步行道中暖调的淡紫色韩国杜鹃花与冷调的黄色蜡瓣花的组合一样，橡树山的耐寒橙子有着略带黄绿色的果实，与暖调的淡紫色的紫珠浆果之间构成微妙感应。我们决定将这种组合扩展到更大的区域，但荚蒾就会被去掉，因为它在花园其他区域已经被证明有入侵性。在原本种有荚蒾的地方，我们将测试两个本地的裸枝荚蒾品种，落叶冬青‘黄金雀’和‘拜尔斯金’（*Ilex decidua* ‘Finch’s Golden’ and ‘Byers Golden’），它们都有艳丽的黄色果实且在当地不是入侵植物。这是一个有益的挑战，保留纯正的杜邦原始审美原则，同时将其更新以适应当今的生态关注。

同样在橡树山，一簇秋水仙（*Colchicum autumnale*）被种植在两三棵鹅掌楸（*Liriodendron tulipifera*）旁。鹅掌楸的深黄色叶与秋水仙淡紫色花的组合会引起人们的注意，我收集了一些树叶把它们散落到秋水仙中间，来观察这个组合是否可以成为我们的橡树山计划的一部分。我们希望扩展秋水仙的面积，所以当叶子从树上掉落时，这种效果会自然产生。

一位美国园林设计大师

我在温特图尔花园工作10多年对我是一段独特的经历，我得以研究一位伟大的美国

在花园的橡树山区域，黄色与紫色的色彩主题通过枸橘子（*Poncirus trifoliata*）与多个种类的紫珠（*Callicarpa*）的秋季果实搭配得以表达。

将一簇秋水仙（*Colchicum autumnale*）种植在一些鹅掌楸（*Liriodendron tulipifera*）近旁，能够确保当树叶落下时，它们能够形成杜邦所喜爱的紫色与黄色的色彩主题。在这幅图里显示的是我亲自撒过的树叶以测试其效果。

园艺和园林设计大师作品。温特图尔的管理层和园艺员工们专业地解读了杜邦详尽记录的设计理论和原则，这让我们能够更全面地认识一位园林设计天才所创作的非同寻常的作品。杜邦的设计原则——他精巧的色彩编排、季相变化的时间感、花园之间的完美衔接，以及对当地场所感的捕捉——说明了如何用艺术的眼光将园林设计带入艺术领域。

橡树山上从杜邦时期留存下来的灌木中，蓝丁香（*Syringa meyeri*）与黄色的佛罗里达杜鹃（*Rhododendron austrinum*）的组合体现紫色与黄色的色彩主题，这个主题随着‘萤火虫’杜鹃（‘Firefly’ *azalea*）的一抹热烈红色的加入而生动起来。

第二部分：设计充满艺术感的园林

第6章　从自然中提取：长木花园中的皮尔斯林园

皮尔斯林园（Peirce's Woods）坐落于宾夕法尼亚东南部的长木花园之中。这个七英亩的林地花园给乡土植物在乔木、开花亚乔木、灌木和地被层予以展示。设计灵感来源于植物在其自然生境中的生长模式，它也改变了乡土植物应用的传统观念。长木花园的管理者将其定义为一个“艺术形式的花园，它将东方落叶林中最具观赏性的特征集为一体”。其使命是以创新的方式融入本地的场所感，为以后的设计提供有价值的参考。我们如何大胆而创新地使用乡土景观中的植物？

与大多数以乡土植物为主的园林不同，皮尔斯林园并不旨在展示自然生态系统，而是聚焦于探讨一种可能性，即用纯粹的设计方式利用林地乡土植物。它的核心概念是从自然中提取模式，将乡土植物创造为艺术化的设计要素。它强调乡土植物的艺术形式高于生态价值，这是背离传统乡土植物花园定义的观点。20世纪90年代中期之前，大多数乡土植物花园都以环保为主题，如自然栖息地或是生态概念。它们往往被设计成景观设计师简氏·詹森（Jens Jensen）的风格。他的花园更像是在场地上自发生长的自然景观。作为20世纪早期的乡土植物运动的领导者，詹森认为对人类健康和福祉来说，与乡土植物的接触非常必要，这种必要性超越了植物的生态价值，同时乡土植物花园应该看起来更接近于自然。

我用铅笔来表现坐落于皮尔斯林园中的鹅耳枥步道的设计研究。设计中包含了香气浓郁的黄色乡土杜鹃花，它们错落地散布在桦树林的空隙之中（在方案确认之前，树种替换为乡土鹅耳枥）。

在皮尔斯林园，我们面临一个挑战，创造应用乡土植物的大型花园，突出乡土植物的美感，挖掘它们的潜力，通过抽象的园林设计创造具有视觉冲击力的作品。长木花园的使命是在园艺和展示方面力求创新，以追求快乐和激发想象力为宗旨地去创造艺术。我们设计的皮尔斯林园不仅有简氏·詹森的风格，也更多体现了罗伯托·布雷·马克思的精神，他认为花园是大尺度的抽象艺术作品，它可以清晰地展示人类的印记。

全新的景点

长木花园以其辉煌的园艺展示而出名，随着季节的变化，整个花园呈现出戏剧般的色彩组合。自1906年皮埃尔·杜邦购买该地，到1954年逝世之前，他建设了一系列不同的花园景点。“花卉园步道”是诸多景点中最早被建造的，长木花园的游客在进入皮尔斯林园之前就能体验到它。它被简单地命名为步行砖路，在六百英尺长的步道两边布置有花床。在每个季节中，一年生和多年生植物都呈现出戏剧性的变化，创造出炫目的、连续的色彩斑块。沿着步行砖路，你可以领略到各色鲜花排列在一个彩虹般的频谱中，从蓝色和淡紫色到红色和粉红色，再到橙色和黄色，并以绿色和白色结束。凭借其夸张及强烈刺激的色彩组合，它成为长木花园中最热门的景点之一。

在花卉园步道上，游客将漫步于六百英尺长的缤纷花带之中，大部分是非本地的观赏植物，之后将到达通往皮尔斯林园的入口。我关心如何用乡土林地中微妙的野花之美展现相同的艳丽景象。在大部分的生长季节里，皮尔斯林园的主要色彩是深绿色，因此，在那些引人注目的花卉景观之后，创造强烈的印象是一个特别具有挑战性的任务。因为我们无法运用大量的颜色，我们不得不依靠如纹理或尺度等其他的设计元素，进行广义上的视觉描述。

尽管，我们不想重新创造一个自然林地生态系统，我依旧想用东方落叶森林生境作为灵感的主要来源。我开始研究原生林的视觉特性，尽可能地去将它们抽象化，使之分解成最基本的图形和模式。同时，皮尔斯林园与长木花园中典型的场所感非常匹配，因此，我还研究了长木花园中的其他景点，以获得对其本质的理解。

“牛场”（“Cow Lot”）是长木花园的中心开放空间。它原本是一个牧场，现在三面环绕着白栎（white oaks）、紫叶欧洲山毛榉（copper beeches）和泡桐（paulownias）。作为进入花园后到达的第一个地方，游客最明显的感觉就是其巨大的规模。我在一天中不同的时刻和天气里对“牛场”进行了速写记录。这个过程让我真正了解了这个地方，在呈现其细微之处的同时，它也呈现了自身“大景观”的主题。在随身的速写本中，我写道，“大，巨大的景观，巨大的形式。非常大的规模。大胆的对比。”很明显，在皮尔斯林园里，小斑块地被植物不会行得通。

有时候，最明显的元素在开始时并不引人注目，你必须花很多时间去仔细研究，哄它们从躲藏的地方出来。通过反复的观察和写生，我终于注意到“牛场”的中心区域基本上由一个大的水平面构成，地面用草坪简单覆盖，整体的框架由垂直的成熟林木构成。我在笔记中写到，“简洁的草坪在构成中非常重要。草坪需要足够大，才能够在透视中作为强有力的形式被感知。”有一棵巨大的美国榆树（American elm）（样本），它在遭受荷兰榆树病侵害的林荫小径中幸存下来，一枝独秀，在植物组合中，与其他树种形成了对比。所有这些因素将成为皮尔斯林园的重要设计主题。

花园的第一个展示空间是花园步道，它是1907年时，皮埃尔·杜邦在长木花园中建造的。游客在进入皮尔斯林园之前要步行穿过这些明亮的彩色花床。所以，最具有挑战性的是如何用尺度相似的组合表达林地的乡土物种。

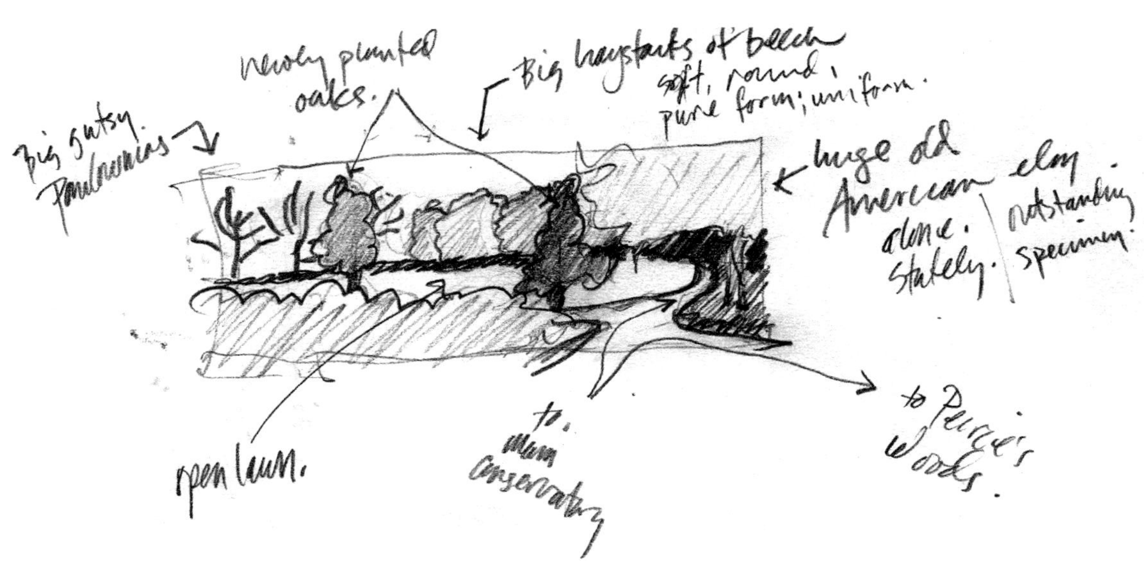
newly planted oaks.
Big haystacks of beech
soft, round, pure form; uniform.
Big gutsy Paulownias
huge old American elm
alone. stately.
outstanding specimen.
open lawn.
to main conservatory
to Peirce's Woods.

在逐步感知场地整体感的过程中，我多次完整地绘制了现存场地的草图。在不同的天气背景下，场地展现出微妙的变化。这些草图是“牛场”在阴天和晴天所展现出的不同景象。

这张小铅笔图总结出了“牛场”的空间特点，为皮尔斯林园指明了设计方向。

林地原生植物速成课

为了研究林地原生的自然栖息地，我与长木花园的工作人员一起到北卡罗来纳州和田纳西州东部的西部山区进行春季植物采集。在长木花园附近的地区，几乎无法对东部落叶林生物群落进行研究，这个地区农业历史悠久，加上近期的郊区住宅发展，导致了本地区原始森林的消失。在北卡罗来纳州和田纳西州，我们可以在广阔的林地生境中，研究未受人类影响的乡土植物。在高海拔的大烟山国家公园，植物群落与百年前发现的宾夕法尼亚州东南部的植物群落相似，我们认为这里是研究原生林形状和模式的好地方，也为设计皮尔斯林园寻找设计灵感。

我们的团队包括长木花园的植物馆长瑞克·达克（Rick Darke）和长木花园苗圃经理及首席宣传者杰夫·林奇（Jeff Lynch）。瑞克被指派为植物委员会的负责人，他长期关注并积累了关于落叶林种植和管理的知识。杰夫不仅在花园植物应用上才华横溢，在苗圃生产方面也相当专业，这样可以确保我们找到需要的所有植物，并完成项目。对我来说，这是第一次使用原生植物进行配植，就好像是一个本地园艺的速成课。

从乔伊斯·基尔默（Joyce Kilmer）的作品里，我们发现了启发设计灵感的丰富源泉，它是位于北卡罗来纳州罗宾斯维尔（Robbinsville）附近的滑石野生公园（Slickrock Wilderness），美国东部最广阔的原始森林之一，它的土地面积超过一万七千英亩（1913年，乔伊斯·基尔默写了一首题名为“树”的诗，广为流传，几乎每个学童都铭记在心：“我认为我永远不会看到/一首像树一般可爱的诗”）。穿越原始森林的过程中，林间小径提供了舒适的步行体验，两旁林木的树龄已经超过四百年之久。在这个典型的阔叶林峡谷里，土壤肥沃深厚，降水丰富充沛，物种多样性极其丰富。沿着杨树峡谷的小路，我们还发现了北美鹅掌楸（Liriodendron tulipifera），它的高度超过一百英尺，树干的周长达20英尺。

漫步于高耸的树林之中，体会着壮丽的景观，观察着树林的地被植物，我们学到了大量关于设计的内容。地面生长着特别丰富的野花、蕨类和苔藓，它们像马赛克一样覆盖着地面。地面上生长的大片蹄盖蕨（Athyrium felix-femina）与常见的蒙大拿酢浆草（Oxalis montana）组合在一起，使我想

这张图片展示的是杰夫·林奇的体验，在乔伊斯·基尔默纪念林里的杨树峡谷中，他看到了已有四百年历史的巨大的鹅掌楸。

起了一个概念，那是很多年前，康拉德·哈姆曼在特拉华大学景观设计概论课上曾经提及的一个概念：类比和对比。最令人愉悦的组合包含两个或两个以上的植物，在某些方面它们有共同的视觉特征（类比），在某些方面它们也有不同之处（对比）。这满足了我们多样的需求，也满足我们对秩序和整体的需求。蹄盖蕨和蒙大拿酢浆草具有对比强烈的纹理，但是却有几乎相同的深绿色，这个组合完美地阐释了类比和对比的设计原则。

在附近我们还发现了一大片蔓虎刺

在乔伊斯·基尔默纪念林之中，底层的林地空间展现出两种明显的手法：类比和对比。蹄盖蕨（*Athyriurn felix femina*）和蒙大拿酢浆草（*Oxalis montana*）在质感和形式上有着明显的对比，但是绿色的深浅程度是完全一样的。圆形叶紫罗兰（*Viola rotundifolia*）和蔓虎刺（*Mitchella repens*）有着相似的圆形叶片，但是叶子大小和绿色的深浅程度有着明显的不同。

（*Mitchella repens*）和圆叶堇菜（*Viola rotundifolia*）的组合，这是另一个阐释类比和对比原则的案例。它们都有圆形的叶子，因为相同的特质被配植在一起，但是它们的叶子大小不同，绿色的深浅也不同。此外，蹄盖蕨和酢浆草、圆叶堇菜和美国蔓虎刺组合出马赛克地毯般的模式。每个物种的生长斑块大小不等，与其他的组合斑块有机镶嵌。这两个简单的植物组合，在原生林的地表上和睦相处，这将会鼓舞我们在皮尔斯林园中运用其他的地被组合形式。

在乔伊斯·基尔默那里，我们还发现了美丽的案例，它是由两种植物交互生长构成的分散模式。我们称之为“地被组合”。最引人注目的是，当它们生长良好时，它们可以延伸到很远的距离，有时会达到一百英尺，甚至更长。美国蔓虎刺在树林中随处可见，我们看见它与某些物种一起混合生长，比如与矮冠鸢尾（*Iris cristata*）和圆叶加莱克斯草（*Galax rotundifolia*）的组合。我最喜欢的地被组合为圣诞耳蕨（*Polystichum acrostichoides*）和铁线蕨（*Adiantum pedatum*）。我们从原生林的地

在皮尔斯林园的地面上，混合种植圣诞耳蕨（*Polystichum acrostichoides*）和金星蕨（*Thelypteris noveboracensis*）的这个想法，直接借鉴了乔伊斯·基尔默纪念林中当地地被植物的种植形式。

我简单地画了一个繁茂的杜鹃花丛的水彩草图。在北卡罗来纳州西侧的山脉中，当地人叫它“杜鹃花地狱”，因为这里的植物紧密地交织在一起，你会很容易迷失在其中。

在我们步行穿越树林的过程中，我对视觉感受进行了一些研究，这个图表现的是路径边缘与情绪之间的关系。锯齿状的边缘使人情绪兴奋，然而弯曲的边缘给人更加和谐和宁静的感觉。在草图上直接标注可以帮助我在以后回忆起主要内容。

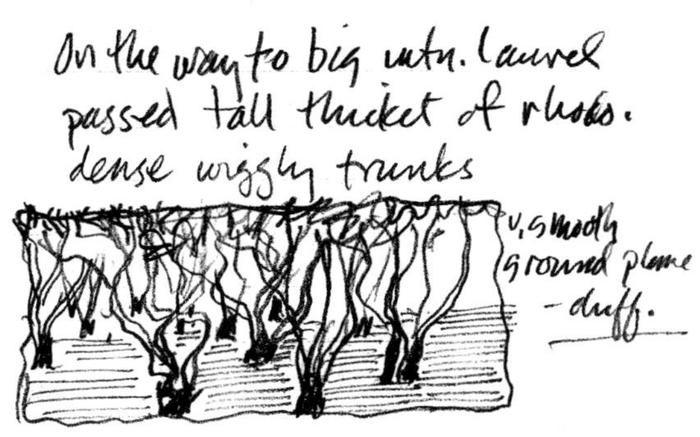

在我笔记本中有一幅快速完成的草图，进一步呈现出提取的设计元素。

表中获得了灵感，准备在皮尔斯林园中种植大片的混合生长的植物。

我们收集的野生花卉物种有着相似的复叶形状和纹理，它们包括了黑升麻（*Cimicifuga racemosa*，总状升麻属最近改名为类叶升麻属）、白果类叶升麻（*Actaea alba*）、蓝升麻（*Caulophyllum thalictroides*）、假升麻（*Aruncus dioicus*）和二回落新妇（*Astilbe biternata*）。我们期待选择其中的两种混合种植在皮尔斯林园里。

我们徒步到达国家公园大烟山的阿卢姆洞穴小径，这里有北美最美丽的景观。我们进行了五英里的艰苦旅行，从3800英尺爬升到6400英尺。空气变得很稀薄，微弱的心脏根本不能适应这里。尽管杨树峡谷最美的景色是遍地的林地野花，但最难忘的还是沿着阿卢姆洞穴小径穿过加拿大黄桦（*Betulaalleghaniensis*）树林的景色。银光闪闪的黄色树干密集成群，林立在道路两侧，偶尔出现一株红褐色树皮的欧洲酸樱桃（*Prunus pensylvanica*），形成鲜明的色彩对比而引人注目。

从苗圃中得到的启示

除了在植物原生生境中进行探索，我们还走访了一些位于北卡罗来纳州西部和田纳西州东部的苗圃。梅瑞迪斯·克莱伯施（Meredith Clebsch）是田纳西州格林贝克（Greenback）的乡土花园和苗圃（Native Gardens and Nursery）的共同所有人。这个苗圃是建立于乡土植物运动早期的乡土植物苗圃之一，当乡土植物需求旺盛时，它是主要的供应源。她偶尔参与田纳西州乡土植物的救援任务以及为苗圃中的经济作物做宣传。田纳西运输部门在荒野地区建设新道路时会联系她，她将会和救援人员一起在推土机到来之前，取走她可以营救的植物。她最近拯救了多毛矾根草的紫色变种（*Heuchera villosa* var. purpurascens）。在她的苗圃看到它们时，瑞克（Rick）和杰夫（Jeff）对此非常感兴趣。我非常喜欢人们能够花心思去琢磨一些新的

在田纳西州格林贝克的乡土花园和苗圃中，我们发现了紫色的多毛矾根草（Heuchera villosa var. purpurascens）。杰夫·林奇正蹲下挑选紫色较为明显的植株作为样本，瑞克·达克则站着与苗圃的所有者梅瑞迪斯·克莱伯施讨论该如何繁殖这种植物。

在皮尔斯林园中，我们大范围地种植了淡黄绿色的长柔毛矾根草（*Heuchera villosa*）和紫色的多毛矾根草（*H.villosa var.purpurascens*），以类比和对比为原则，用非常纯粹的方式，展示了对蛇形图案的表达。

发现。他们选择了一组最深的紫色植株，并和梅瑞迪斯（Meredith）一起将它们运回了长木花园。在几年之内杰夫通过种子繁殖得到了数以千计的植株，那些叶色最偏紫的被挑选出来，种植在皮尔斯林园。我们将它们大面积地种植，与色彩明亮的黄绿色长柔毛矾根草（*Heuchera villosa*）组团种植在一起。这是我们关于“类比和对比”原则最清晰的表达，它们有几乎完全相同的叶片形状和质地，但是色彩对比强烈。我们将它们种植在长曲线的组团中，紫色带与黄绿色带形成对比，成为自然界中经常发现并具有代表性的蛇形图案，并以此向罗伯托·布雷·马克思的现代花园致敬。

古老森林的魔法

在田纳西州东部的大烟山上的阿卢姆洞穴小径上前行，经过下午和晚上的徒步，看着周围的夜色和升起的满月，我们下山走回汽车。沿着白色的砾石小径，我们从古老的树林中走出去。天很快就黑下来了，但是明月照亮了道路，很容易通行。我们在寂静中行走，惊叹着月亮的明亮，挥舞着我们的手臂，与小径上的影子玩耍。我们进入了树木繁茂的小山谷，小路在这里改变了方向，沿着溪流向前延伸。这里的山谷更加幽暗，月光下高高的铁杉树冠投下了浓重的阴影。我们走了几分钟后，瑞克一声不吭地碰了碰我的手肘，并向黑暗中指去。我们都停了下来，顺着他指的方向看过去：是萤火虫，成千上万的萤火虫，微弱的亮光充盈着我们周围的整个山谷。它们像闪光的云带一样飘浮在空中。我们久久地站在那里，静静地沉浸在这种体验之中，然后我注意到光团在移动，它沿着河流的方向，悄然无声地向山谷深处流去。在夜空中，这支由萤火虫组成的光流缓慢地在溪流上方漂移。

“冷空气排水。”——我想到。这种被称为重力流的现象在夜晚的山里很常见。天黑时，空气冷却，当空气中的水分凝结变得比空气更重时。地心引力会使它降落，并慢慢地从山谷中流出来。当我低头看小溪时，我能感觉到凉爽潮湿的空气在我的脸颊上流动。

我不清楚我们站在那里看了多久的萤火虫，看着它们汇聚成河，沿着溪流在空中慢慢漂浮。我在思索，萤火虫的光流与下边的河流如何相融，并一起流动。我想到了鸟瞰的视角，我设想自己从空中升起，从最有利的观测点，俯瞰这广袤的景色。在我的脑海里，一个巨大的由闪烁的萤火虫河流构成的网络在我的下面伸展开来。很多萤火虫光流彼此交融，形成巨大的枝状图案。它们经过我们四周的广袤森林而逐渐消逝。它看起来完全不可思议，规模十分宏大。

我知道无法在长木公园中重现这种深度体验。如果你真想知道这感觉，那种在52万英亩的原始森林中，数以百万计的萤火虫在你周围闪烁的感觉，你要去大烟山沉浸于其中才能体验到。同时，在山林的徒步过程中，我们还学到了很多与设计相关的内容，足够为我们在皮尔斯林园的规划中提供灵感。我们无法重现在古老森林中的体验，但是带回很多经验，可为我们提供大量的参考。正如简氏·詹森希望我们带给他们的一样，我们可以带给游客幸福的感觉，它来源于原生林的深处，来源于积极提倡的乡土精神。因此，皮尔斯林园的基本原则应该是完全沉浸于乡土植物之美。

空间序列

返回宾夕法尼亚州，满载着灵感和信息，我们开始考虑如何将这些应用到我们的设计之中。首先，我们必须了解现有地点的场所感觉。包括七英亩的成熟原生树木（我们还想保留一种或者两种外来物种），该场所已经成为一个临时存储库，拥有许多喜阴的开花植物以及很多外来植物。在我到访的两年之前，道路网络就已经安装完成，它的设计者是英国著名景观设计师皮特·谢菲尔德（Peter Shepheard）先生（由于偶然的机缘，他成为我在宾夕法尼亚大学工作室的老师，也是长木花园的长期顾问）。虽然路径非常漂亮，但是整体统一的种植主题从未被呈现出来，现在长木花园的专业工作人员渴望制定一个计划，通过混合原生林植物的设计，可以表达出长木花园在园艺展示方面的使命。

在皮尔斯林园的设计方案中，成熟林木明显的垂直线条是重要的组成部分。这张素描展示了在大教堂空地边缘上，有一棵高大的红橡木，作为标志性的橡树为人们所了解。

在我们初步的设计进程中，一系列小幅的彩色蜡笔草图，描述了皮尔斯林园中已经存在的连续空间。首先，充足的光亮让我的注意力透过树林，聚焦到探出小路边缘的一棵树上，那是长有互生叶的山茱萸树（*Cornus alternifolia*）。

我走进这光亮之中，左侧的视野可以看到树林中到处是甜桦树（*Betula lenta*）。

当我第一次查看场地时，所有非本地的灌木和地被植物已经被移除，整个地方看起来很荒芜。按照建议，场地原有的常绿杜鹃花种群被保留下来。我开始绘制现状场地，这样我们可以按照一定的逻辑顺序将它们改造成独特的林地空间。我从游客即将进入皮尔斯林的地方着手，沿着砖行步道，体验他们丰富的视觉感受。

我们知道在一年的大部分时间里不能仅依靠色彩创造景观主体。我试图通过其他方式提供戏剧性的效果。弯曲的小径穿越树林，会带领人们到达大湖边缘的小露台，走出皮尔斯林园之后，这里成为一个焦点空间，吸引游客到达下一个目的地——意大利水上花园。在前往露台的路上，我注意到光线照亮的一侧，使我把注意力从主路转向树林中心。我随着路径进入树林，定时地停下脚步去勾勒草图和快速记录下这些体验。这些速写记

沿着园路走进丛林，环顾四周，我发现这里的视野穿过大湖，能看到爱情塔。

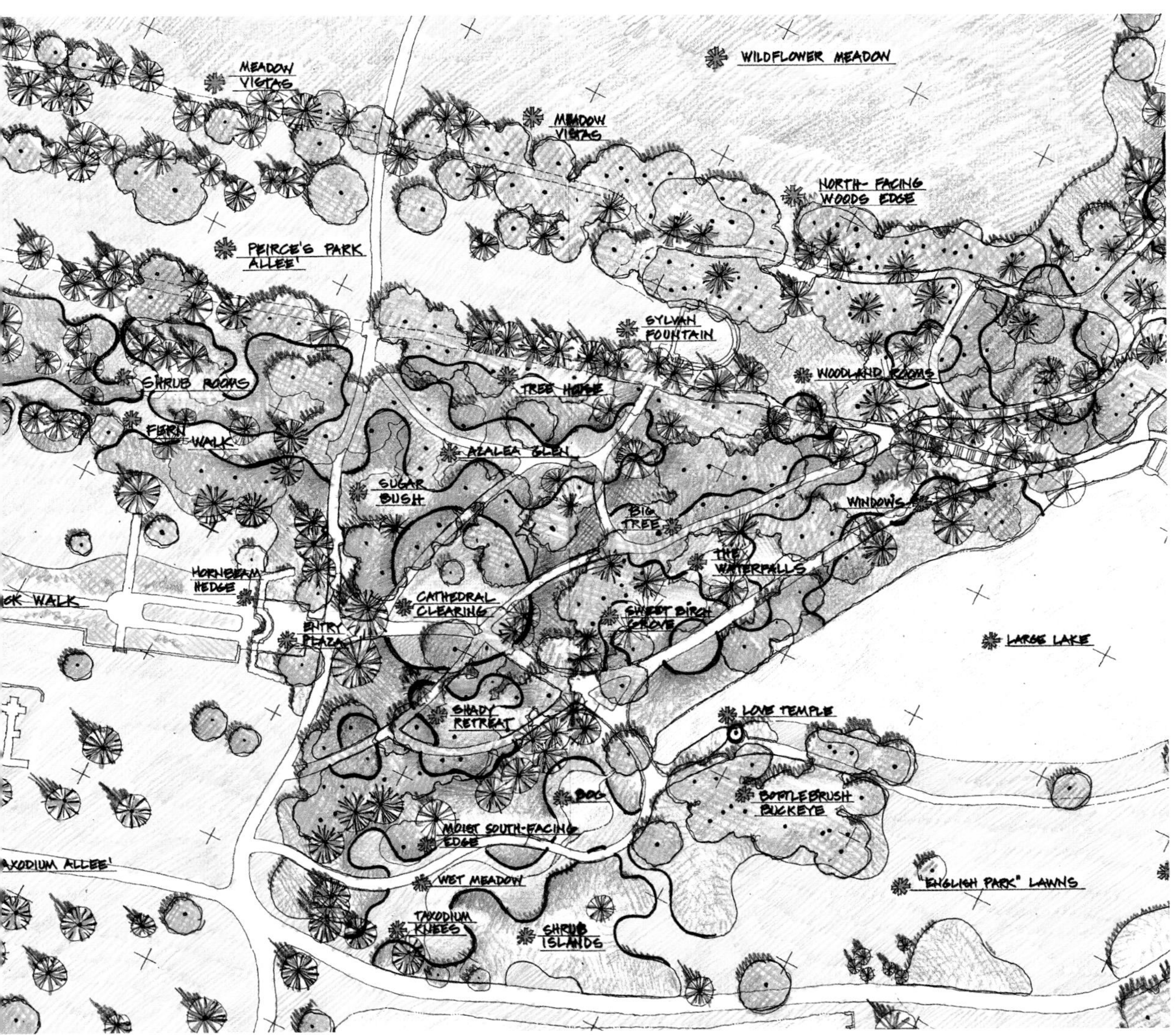

皮尔斯林园的总体规划展示出一系列定义明确的林地空间，它被单一种类的本地灌木群所包围着，用不同的林地野花组合装饰着每一处空间，鹅耳枥步道与大湖平行。

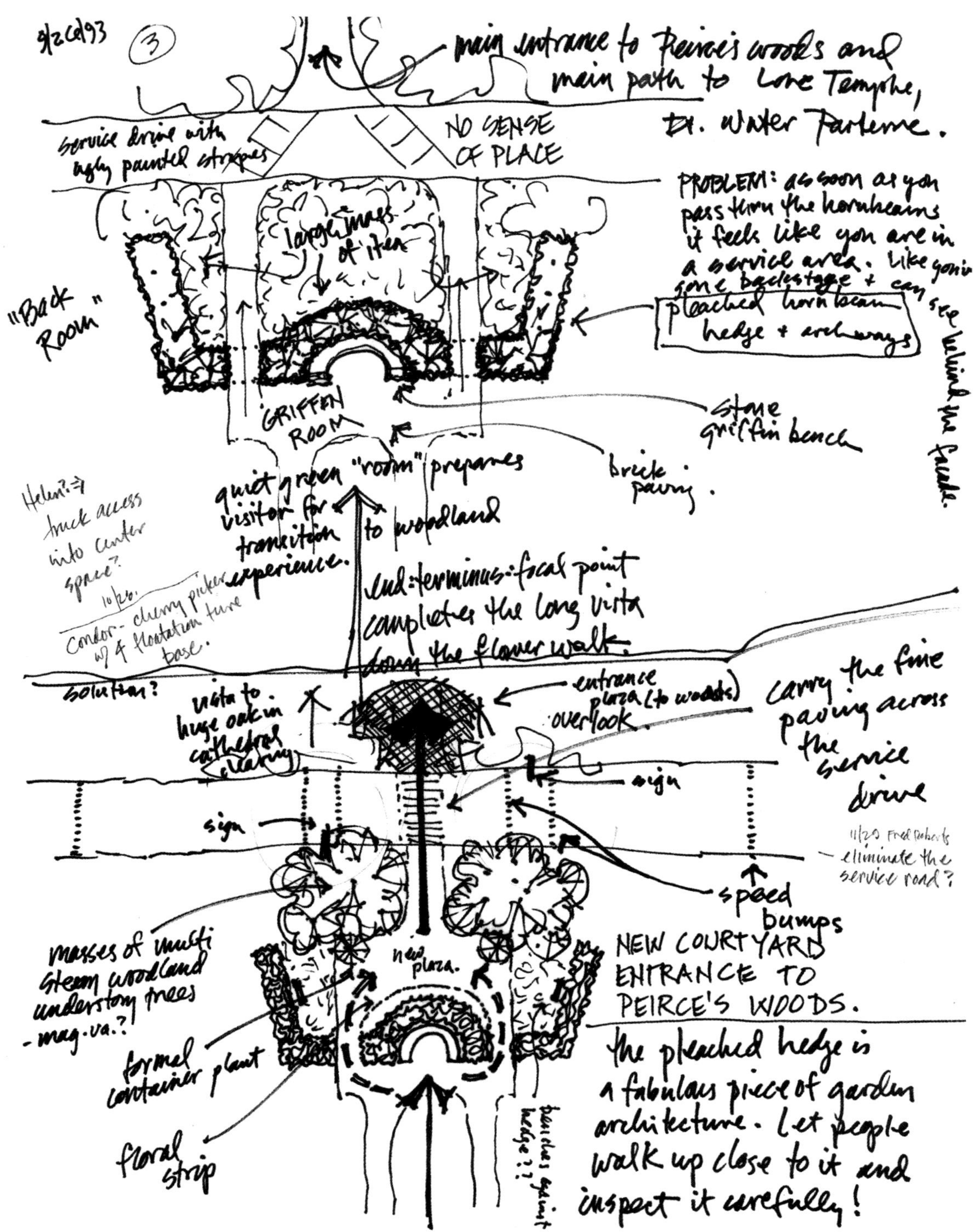
③
main entrance to Peirce's woods and main path to Love Temple, Dr. Water Parterre.
service drive with ugly painted stripes
NO SENSE OF PLACE
PROBLEM: as soon as you pass thru the hornbeams it feels like you are in a service area. Like going backstage + can see behind the facade.
"Back Room"
pleached hornbeam hedge + archways
GRIFFEN ROOM
stone griffin bench
brick paving.
quiet green "room" prepares visitor for transition to woodland experience.
Helen? truck access into center space?
Condor - cherry picker w/ 4 floatation tire base.
solution?
end-terminus: focal point completes the long vista down the flower walk.
entrance plaza (to woods) overlook.
vista to huge oak in cathedral clearing
carry the fine paving across the service drive
sign
sign
11/20 Fred Roberts - eliminate the service road?
speed bumps
masses of multi stem woodland understory trees - mag. va.?
new plaza.
NEW COURTYARD ENTRANCE TO PEIRCE'S WOODS.
formal container plant
floral strip
benches against hedge?!
the pleached hedge is a fabulous piece of garden architecture. Let people walk up close to it and inspect it carefully!

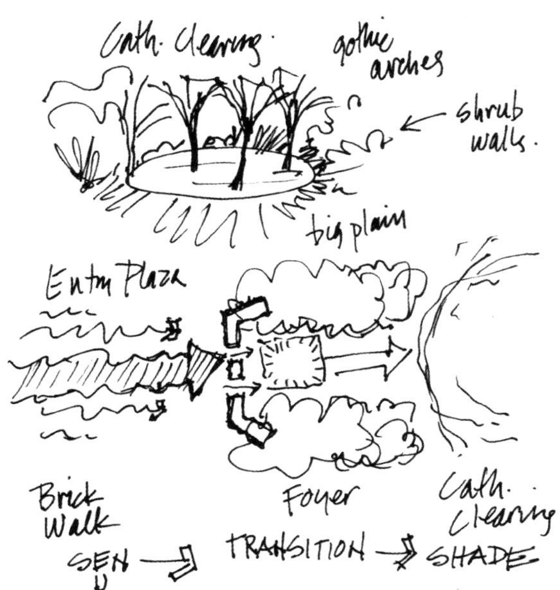

如果设计思想能够用简单的图示说明，就有机会成为一个好想法。上面的简图描述的是大教堂空地的基础结构。下面的图表达的是入口广场，它是从砖路到皮尔斯林园的过渡部分。

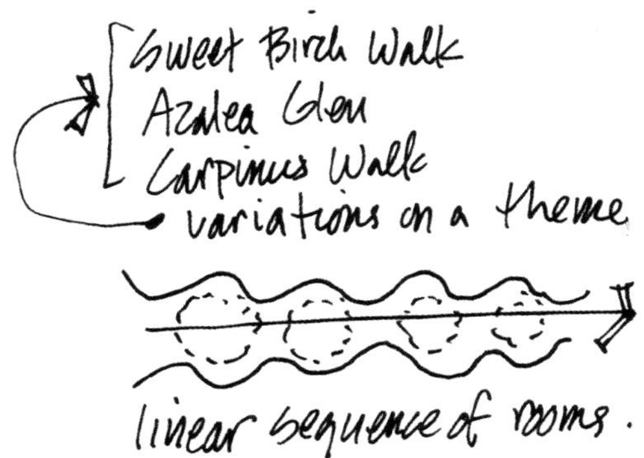

对于入口庭院的设计研究记录了最初的印象和可能的设计想法。我记录了现场状况："问题如下：只要你路过了鹅耳枥（在花卉园步道的尽头），就感觉自己好像已经到达了后台。"然而现在的结果是，原有的服务通道已经被去掉，所以入口庭院能够不被打断，直接从花卉园步道进入到皮尔斯林园中。（对页图）

这个图用"空间"表达了像鹅耳枥步道一样的线性空间序列。（左下图）

在入口庭院中，潘多拉·杨（Pandora Young）一直用容器进行乡土植物实验，经常获得不同寻常的和让人欣喜的结果。左边的花盆中有一棵大漆树（*Rhus typhina* 'Tiger Eyes'），用心形叶黄水枝（*Tiarella cordifolia* 'Running Tapestry'）和斑点老鹳草作为地被植物。紫色的多毛矾根草（*Heuchera villosa* Var.purpurascens）从花盆底部伸出。

秋季草本植物盆栽花园中种植着一株被命名为“门”的高大的班茎泽兰（*Eupatorium maculatum* ‘Gateway’）和一个蔓延的丝叶蓝星（*Amsonia hubrichtii*），一个蒙特罗斯的红宝石色的矾根和柳枝稷（*Panicum virgatum*）。右边的花盆中种着蒙特罗斯的红宝石色的矾根植物和金羊毛球麒麟草（*Solidago sphacelata*）。

在入口庭院中，宽大的臭菘叶子（*Symplocarpus foetidus*）成为明显的焦点，同时栽植在一起的还有矾根草“银色卷轴”（*Heuchera* ‘Silver Scrolls’）。

本地的杜鹃花是很好的盆栽植物。图中表现的是粉瓣杜鹃花（*Rhododendron vaseyi*）与心形叶黄水枝（*Tiarella cordifolia*）和变色鸢尾（*Iris versicolor*）的配植组合。

以食虫类沼泽植物为主的盆景中有两种类型的猪笼草——高的那棵是翅状瓶子草（*Sarracenia alata*），青铜色较矮的那颗是紫色猪笼草或者是瓶子草（*S. purpurea*）——盆中还有木贼草（*Equisetum hyemale*）和线叶茅膏菜（*Drosera filiforrmis*）。

录着我在场地中感知到的一切，并整合了一些我关于花园演进的简单想法。它们不是完整的图示表达，仅是一小部分的视觉笔记，记录着在初次场地访问中我的观察和体验。令我感兴趣的是当下的视觉或空间体验是如何直接引导下一个视觉或空间体验的出现。事实证明，这种想法成为皮尔斯林园的主要设计主题。

整体概念演变成一系列定义明确的空间，这些空间由现有的道路网络相互连接，同时乡土植物可以提供不同的体验。在种植设计过程中，长木花园的工作人员已经准备好了一个列表，包括所有可能被种植的植物。正如预料的那样，那些热爱种植的人们经过许多愉快的讨论和审议后，在每张单页纸上列出了八种类型。我们计划列出大约130个原生物种和栽培品种。主要的重点是土生土长的杜鹃花，包括18个种类和约30个栽培品种和变种。我们决定设计一个以园艺为主题的花园，用建筑细节对其进行衬托。

在皮尔斯森林的入口处，我们做了一个小广场，在那里你可以停下来，坐在美国肥皂荚（*Gymnocladus dioicus*）的树冠下喝杯水。走在色彩明亮的砖砌步道上，沐浴在阳光中，你可以休息一会，转换心情，准备好进入别致美丽的树林。入口庭院的建筑材料是石墙、铺砖步道和长椅，这些元素在长木

9/24/93 Cloudy. Was drizzly in early morning. Now clearing a bit.

OK what have I seen today?

The most AMAZING thing is the mature sourwood right in the middle of the cathedral.

This woods is a world of straight vertical trunks against wiggly horizontals of shrubs + g.c.

THEME:

That's the major theme. very simple:

&

VARIATION:

Then, after your your brain has recorded this pattern, off you go wandering + exploring the subtle variations on this theme.

...and suddenly you encounter one very bold wiggly stem, more wiggly - and blacker - than the rest.

我将画图作为观察场地的方法，而不是艺术创作。正如这张草图所记录的，在场地中，现存的成年橡树和鹅掌楸有着挺拔的树干。但是一个弯曲扭摆的树干吸引了我的眼球。与其他树相比，它是如此与众不同。通过进一步的观察，我发现这是一棵酸叶石楠（*Oxydendrum aboreum*），它与周围其他的树木形成了强烈的对比。

随后，在树林的其他地方步行，从不同的角度观察它。这次矮小的酸叶石楠与巨大的鹅掌楸并列种植在一起。

在最初观察场地时，我在皮尔斯林园的中心区勾画了主要的空地。这次则花费了半个小时的时间更加具体地描绘，帮助我去理解丛林中最初呈现的是什么。

我反复地描绘相同的场景，每一次的描绘都要比上一次更快。这个过程删掉了不重要的信息，直到最终，我有了简单的图示，可以概括出基本的场地特点。

在进行中心场地的种植设计之前，我在工作室画了这幅油画，用来构思设计完成后的样子。它强调的主题是垂直挺拔的树干与水平方向的灌木和地被所形成的对比。

花园随处可见，它们保持着空间和体验的连续性和过渡感。另外一个特点是院子里摆放了一系列的种植容器，花园管理者潘多拉·杨发现了具有创意且不断变化的关于乡土植物配植的方法。

大教堂空地

想要真正了解一个地方，必须对它进行一遍又一遍地描绘，通过每次细节的绘制，会越来越接近它最抽象的本质。当你第一次看见一处景观时，它往往充满着诸多的细节，以至于掩盖了对场所最基本的感受。一种方法是通过反复的绘制去除不必要的视觉信息，获得场所存在的核心意义。这些图纸不需要漂亮；不需要成为美术作品，甚至不需要与他人分享。正相反，我仅仅是为了自己而进行绘制，在理解场地时，它们是我对场地内心理解的一部分。同时，它们也是一个有用的工具，可以跟其他人交流想法。

当我刚开始观察皮尔斯林园时，在野外调查的笔记本上，我用黑色的签字笔记录了中心空地的大量细节。现有的空间被大片林木环绕，如大杂烩般的观花林木、灌木丛和地被植物组合使它显得凌乱不堪。我对这个地方徒手绘制了很多次，反复去除不同程度的细节，直到最后的图纸上能够显示场地中最重要的空间特征：被树木环绕的简洁空地，

皮尔斯林园建成的几年之后，我回来绘制了这幅画，水平的地被植物蜿蜒地穿过挺拔的树林。与场地保持关联并持续汲取经验的一种方式是返回场地，并对竣工的花园进行绘制。

杰夫·林奇注意到这些植物基本在相同的时间内开放，所以他提议使用宿根福禄考‘舍伍德 紫袍’（*Phlox stolonifera*‘Sherwood Purple’）与心形叶黄水枝（*Tiarella cordifolia*）相结合的种植方式。对于皮尔斯林园来说，这变成了野花组合的标志。

中间有一棵孤植树，场地的另一侧也有一棵孤植树。这使我想起之前在长木花园入口处的“牛场”所绘制的草图。早期形成的经验会影响我对皮尔斯林园的观察结果。

最后那些抽象的草图明确了皮尔斯林园中央区的设计方向。我们最终命名这个地方为大教堂空地，因为树冠形成的弧形拱使我们想起了哥特式大教堂中央大殿的穹顶。事实也证明，大教堂空地成为树林中被书籍和杂志拍摄最多的地方。所有我们要做的就是明确中心，去除大部分的细节，然后选择一些简单的物种大片种植。

英国花园作家南·费尔布拉泽（Nan Fairbrother），在1970年出版了非常有影响力的著作，书名是《新生活，新景观》，在书中她极力提倡被她称之为“舒适的复合地毯”的草坪模式，这是一种从一个建筑直接延伸到另一个建筑的全覆盖的连续草坪。在20世纪的大部分时间里，这种做法在英国和美国的景观设计中经常被应用，尤其是在私家花园中。虽然在树荫下草坪很难被维护，但大部分的花园里还是覆盖着这种草坪。一个在私家花园行业做了多年的好朋友曾经对我坦白，“有时候我觉得费了一生的精力，都是试图在树荫下为人们提供草坪。”我们想要提供舒适的“野花地毯”替代传统草坪，在全光和全阴环境下都能生长。大教堂空地似乎成为展示这一原则的最佳地点。

长木花园的工作人员将宿根福禄考（*Phlox stolonifera*）和心形叶黄水枝（*Tiarella*

cordifolia）作为地被植物进行混合种植测试，它们搭配在一起看起来长势良好，几乎在相同的时间开花。我建议在大教堂空地大范围混合种植。我们使用宿根福禄考‘舍伍德紫袍’（*Phlox stolonifera* ‘Sherwood Purple’）与黄水枝（*Tiarella*）结合。深蓝色的福禄考与白色的黄水枝形成了强烈的对比。这种大胆而多彩的马赛克地毯已成为皮尔斯林园的标志性植物组合（维护提示：宿根福禄考比黄水枝更具有侵略性，每年必须少量移除大棵的植株，以保持两个品种之间的平衡）。

在平行于这个大型彩色组团条块的位

滨海杜鹃花（*Rhododendron atlanticum*）在五月初绽放，当心形叶黄水枝和宿根福禄考像地毯一样铺天盖地的开放时，标志着春季盛花期的开始。矾根草“蒙特罗斯红宝石”强化了这个对比。

大片蛇形的黄水枝丛环绕在橡树根部的周围，旁边是由乡土富贵草组成的绿色群落。这个形式受到了花园中大片热带植物群落的启发，设计者为巴西景观设计师罗伯托·布雷·马克思。

置，我们种植了一块纯绿色的乡土富贵草（*Pachysandra procurnbens*）。这两个巨大的组团在花园中清晰地唤起了布雷·马克思的美学精神，选用小型的林地野花，用大胆的方式予以表现。大教堂空地的地被植物设计在持续发展。黄水枝和宿根福禄考长势良好，但是乡土富贵草生长状态一般。因为一些未知的原因，几年前它们似乎不愿意在那里生长了。目前，长木花园的园艺家们正在测试替代品，以保持绿色的完整性。不过，总的来说主题是成功的。令人欣喜的是看到游客进入树林后，喜欢拍照，记下植物的名字，在家里进行种植。这正是皮尔斯林园体现出来的价值。

将乡土地被植物相互分开，形成大片的单一物种组团，有助于将皮尔斯林园打造成为一个花园，而不是林地生态系统，后者的野生花卉往往生长在一个复杂的群落中。

杜鹃花的精心策划：鹅耳枥步道

在我们的大烟山旅行之后，我参观了杰夫·林奇在长木花园的苗圃，他们收集并评估了原生杜鹃花。所有这些杜鹃花均是落叶植物，但是在花的颜色、开花时间和香味方面差异很大。杰夫种植了上百棵杜鹃花，在我们考察期间，许多花卉处于盛花期，剩下的也将在未来几周内绽放。我们仔细地观察杜鹃花不同的开花的时间和颜色，这样能够选择它们的花期，精心地策划花卉展示。我在杜鹃花盛开季节定期到访苗圃，从四月到六月，坚持了两年，并制定了最终的种植计划。有些品种在七月才是盛花期，有些甚至八月初才开花。在这几个月中，杰夫会定期给我打电话，我就回去看看，给每个品种记上标签，并标注特定的属性。我们有如此多的选择，当种植季到来时，我们有充分的余地进行最佳的挑选。

在宾夕法尼亚州，佛罗里达杜鹃花（*Rhododendron austrinum*）的开花时间是变化的，单株开花时间可从四月底持续到五月中旬，花色从浅黄到橙红色。杰夫种植的那一丛极好引人注目的颜色和香味令我感到惊奇。芬芳强度因株而异，我只想选择最香的品种，确保它们被大面积种植时，可以给游客提供最强烈的体验。所以我的建议是按照色彩渐进的原则组织花卉种植，就像花卉园步道的小径那样进行展示。我们在悠长的路径两侧进行大面积种植，游客可以体验从淡黄色到深橙色的层次变化。游客沿着步道行走有足够长的时间，可以充分地进入到沉浸式体验的过程之中。

为了进行有效的配植，我们必须了解每个植物品种的具体特征。除了全部自然变异的佛罗里达杜鹃花，我们也种植了一些栽培品种，包括其他种类的杜鹃花，以延长花期，丰富花卉的色彩和香味。在西洋杜鹃（*Rhododendron atlanticum*）中穿插种植了海岸杜鹃花（*Coastal azalea*），我们选择‘明黄’（‘Yellow Delight’）和‘查普坦河黄’（‘Choptank Yellow’）两个具有强烈芳香的品种。我们也使用了火焰杜鹃花（*R. calendulaceum*），这种花不香，但是它有特别引人注目的橙黄色花。它开花需要充足的阳光，因此必须选址适当。奥科尼杜鹃（*R. flammeurn*）的变种“哈里的美丽”（Harry's Speciosum），它的颜色是橙红色，没有香味。杂交品种“我的玛丽”（My Mary）有香气，花是明黄色，花蕊是橘黄色。它是一个杂交品种，是奥科尼杜鹃（*R. flammeur*）和另一个杂交品种“纳科奇”（Nacoochee）之间的杂交。“纳科奇”本身就是奥科尼杜鹃和粉红杜鹃（*R. periclymenoides*）之间的杂交。所有这

些都令人感到让一个团队完成这个展示计划是多么的复杂，除此之外，有趣的是研究原生杜鹃花的专家会在行业聚会上讨论最新的栽培品种和变种之间的复杂性。

受到美国大烟山国家公园阿卢姆洞穴小径上桦树隧道的启发，我想象着笔直强壮的白桦枝干挺拔向上，聚集成群，衬托出大片的乡土杜鹃花，白桦林退隐到空间中，创造

佛罗里达杜鹃花（*Rhododendron austrinurn*）呈现出从淡黄色到深黄色的自然渐变色。这系列的颜色成为鹅耳枥步道中的主要设计主题。

在我加入皮尔斯林园设计团队之前，长木花园的职员已经收集并评估本地杜鹃花多年。我连续两年观察了它们的开花期，给每一个样本标注了序号，并仔细地记录了每一个样本的开花时间、开花颜色和香气特性。

出强烈的空间纵深感。同时，在原生杜鹃花花期过后，美丽的白桦树皮终年填补着无花的枯燥。最初的设计想选用纸皮桦（*Betula Papyrifera*），因为它白色的树干可以密集成群，很引人注目。然而，杰夫和瑞克都对纸皮桦在宾夕法尼亚州东南部的炎热夏季是否能茁壮成长表示怀疑。长木花园咨询委员会的一名成员虽然喜欢这种树，但也表示反对。她指出这种树原生于森林北部，看起来非常不像宾夕法尼亚州的物种。

经过一系列的讨论，杰夫、瑞克和我决定去看看美国鹅耳枥（*Carpinus caroliniana*）。这种植物原产于长木花园附近的树林里。它比我想象中的那些白桦更壮观。我们最终把花园的这一部分命名为鹅耳枥步道，尽管最初的目的是让参观者被春天盛开的杜鹃花所围

鹅耳枥步道的原始设计方案是突出纸皮桦的垂直效果（*Betula papyrifera*），然而长木花园的工作人员指出在宾夕法尼亚东南部种植纸皮桦有难度，提议种植美国鹅耳枥（*Carpinus caroliniana*）。注意互生叶的山茱萸悬挑在有着明亮色彩的地被植物的左上方——和本章节开始的预备草稿中的视角一样。

我用鹅耳枥步道的效果图来说明最终的设计概念：乡土杜鹃花水平穿插在鹅耳枥挺拔的银色树干间。

绕，鹅耳枥（hornbeams）也将终年保持美丽。

瑞克在做皮尔斯林园的演讲时，他经常讲述关于纸皮桦和鹅耳枥的故事，因为它阐释了标志性的植物代表着特定的景观。相比于我们介绍的东南杜鹃花，纸皮桦确实没有更多的异国情调，它与北部森林明显的关联，使它看起来与皮尔斯林园不协调。花园具有独特的意义，它们是记忆的储藏室。当你设计花园，叙述一个特定的故事时，你必须确保你使用的词汇能够让你的故事尽可能的丰富而充实。

我们种植了150个成熟的原生杜鹃花丛，每丛由3～10株杜鹃花组成，它们沿着路径生长，总长超过四百英尺。沿着鹅耳枥步道种植杜鹃花的时候，我为每一个都标记了精确的位置，按照序列号，用插在地面上的旗子标记苗圃里的植物。并按照我们的计划，依据色阶和香味沿着道路两侧均匀布置。杰夫帮助我记录每种杜鹃花的种植位置，在这一过程中，我们不停地移动小旗，直到确定最后的种植方案。我喜欢在公园工作。在那里可以很自然地理解，为创造壮观的景象，需要多少时间和精心的安排。从苗圃中我们选择成熟的植株进行种植，可以确保从第一年开始就有非常完美的效果。

在盛花期，我拍了一整天的照片。我站在路径的一端，看到三位游客从另一端走过来。一个人带着黑色眼镜，手持白色手杖。另外两个人在火热地聊天，他们没有注意到两侧的景象。在步道的中段，持白色手杖的游客让另外两个人停下来，说，“哇哦，这美妙的香味是什么？”另外两个左右顾盼，其中一人说，“我认为所有的香味都来自于连翘（*Forsythias*）。”这正是我想要的，盲人完全沉浸在我设计的体验中，但是两位视力良好的游客却完全错过了它。

在杜鹃花盛开季节结束时，还有一些野花沿着鹅耳枥步道开放，之后的整个夏季将是一片绿色。大片被称为仙女蜡烛的黑升麻（*Actaea racemosa*）将在6月底至7月初盛开。

种植总平面图表达了每一个品种的大致位置，用序号进行区别。它们的准确定位由插入到地面上的数字旗帜所决定，之后沿着路径步行，想象预期的体验。

数以百计的白花花序从地面升起近5英尺高，并向道路倾斜。我喜欢尽可能丰富呈现并保持其意义，同时避免杂乱。按照季节变化，循序定时的进行安排，是实现这个目标的好办法。当杜鹃花盛开时，黑升麻会生长到膝盖的高度，细密地覆盖着地面，直到杜鹃花花期完全过后，它才会长到足够的高度，并且进入开花盛期。

我也喜欢整合多层次的细节，使拥有丰富园艺知识的人们，能够有多层次的体验。沿着鹅耳枥步道，地面覆盖的不全是黑升麻，虽然对大多数人来说，这里看起来都是

种植鹅耳枥步道的区域过去充满着大量的非本地灌木。当它们被移除之后，我们需要处理大量的板岩。

移植成株杜鹃花是一件极为奢侈的事。与直接把它放在画布上相比，更令人满意的是在第一个开花的季节就拥有良好的表现。除了从淡黄色到深黄色渐变的花色引人注目之外，游客还会沉浸在花的芬芳之中。

在乡土杜鹃花花期结束以后，黑升麻（*Actaea racemosa*）就会开出白花，并高出周边的灌木丛，引导花卉展览步入盛夏。

相同的物种。其实在这里，还混合有蓝升麻（*Caulo phyllum thalictroides*）。它的花并不醒目，但在之后的季节中会有大量的浅蓝色浆果。这是一个特别微妙的表达，体现出类比和对比的原则。蓝升麻和黑升麻有相似的复合叶序，相同的纹理，但个别叶片略有变化。黑升麻的复叶是暖绿色且叶缘呈锯齿状。而蓝升麻的颜色是浅冷绿色且叶缘平滑。正是这些差别，让植物爱好者及那些喜爱赞美大自然的细节和无限多样性的人们开心快乐。

把它真正变大

在我们去大烟山实地考察期间，巨大的萤火虫河流缓慢地远离奥尔布赖特树林小道（Albright Grove），如果这个体验可以定义为“阴”，之后的夜晚，我们就体验了“阳”。在罗宾斯维尔（Robbinsville）镇一个冰淇淋店的停车场上，我们目睹了一个年轻人试图用他订制的1960年雪佛兰打动他的女朋友。他坐在司机的位置，加速引擎、点火，蓝色火

在杜鹃花根部覆盖地面的是黑升麻（*Actaea racemosa*）和蓝升麻（*Caulophyllum thalictroides*）的混合群落，它们第一眼看起来像是一大团相同的植物。然而，进一步的观察你会注意到黑升麻有暖绿色、锯齿状的叶片，蓝升麻有淡蓝绿色、边缘更为光滑的叶片——这是一种极为典型的类比与对比的表达手法。

焰从排气管中喷射而出。

他叫到。“这个如何？亲爱的？”

“喔！”她喜悦地尖叫道，“它们很大，亲爱的。它们真的很大!”

他会心地一笑，然后再做了一次。

大小很重要，在某些情况下，大小就是一切。森林里的萤火虫让我们意识到自然中宏伟尺度的庄严，它和雪佛兰现场一起给予我们的口头禅是：“亲爱的，让它变大。让它真正变大!”

在我们去大烟山之前，我有点担心使用乡土林地植物会有些冒失。但我见过的每一个本地花园都相当精致和精美。虽然林地野花被一致认为具有简洁美，但它们在世界园艺界几乎没有产生什么大的影响。在我看来，林地花园一直依靠微妙时刻出彩——蕨类植物从树的根部拱出或是一株小黄水枝（*Foamflower*）从两块岩石间冒出。为了突破传统，我们想创建一座大型的、前卫的野花花园。我想知道，当它们被命名为“泡沫花”

春天的生长季过后，在余下的夏日里，皮尔斯林园都是绿色的。我们运用肌理的变化和色彩的对比种植大片同一品种的野生花卉，创造出引人注目的设计乡土富贵草（*Pachysandra procumbens*）的纯绿色与心形叶黄水枝（*Tiarella cordifolia*）凋谢的棕褐色花朵也形成了鲜明的对比。

在皮尔斯林园核心区的一个地方，成百上千的心形叶黄水枝从斜坡上倾洒下来，我们称它为瀑布。

时，难道不是因为它们看起来像海滩上翻涌的波浪？像大面积的打着旋的泡沫?两三株植物依偎在岩石和树干之间，看起来很甜蜜，是很经典的场景。

但是，几十万株盛开的黄水枝从林坡上倾泻下来，好像成为真正的泡沫。杰夫·林奇策划的这个想法，我们称之为瀑布。它是一个规模巨大的心形叶黄水枝（*Tiarella cordifolia*）花海，盛开的时候看起来像一码大小的，蓬松的白色绒线，连绵不断；又像五万件精美的婚纱一件又一件的排列在一起。这不仅仅是世界上最大的关于林地原生植物的艺术展示，还是世界上最大的原生植物的时装秀。我想这么大规模的野花，一定会让

这两幅画记录了皮尔斯林园中最为惹人注目的两个地方，鹅耳枥步道（左图）和瀑布（上图）。

你兴奋和尖叫。

并置在一起的两个场景有时会显得诙谐而美好，比如小萤火虫河流和雪佛兰排气管喷出的蓝色大火焰。它告诉我们什么是尺度。尺度就是一切。将它变大，亲爱的，把它变得足够大。

第7章　解读场所感：热带马赛克花园

我曾经应邀设计一个小花园，帮助佛罗里达州那不勒斯市的那不勒斯新植物园启动和运转。这是一个面积不到1英亩的“示范花园”，在这个花园里，工作人员模拟了各种各样的游客行为和活动项目，同时，他们还完成了场地内余下170英亩的总体规划。他们的任务是向人们展示地球南北纬26度之间的植物，因此这个设计项目需要十分丰富的植物品种。除了这个雄心勃勃的计划外，花园的建设还有一个雄心勃勃的时间表：它必须在不到9个月的时间内完成对公众开放的准备。

这次的挑战是一定要创造一个全新的花园。虽然只有很短的时间去探索当地的气候、文化和花园设计的历史，但是它必须与南佛罗里达的地域特征相匹配。我想起了杜邦和他在布兰万迪河山谷中大手笔的种植作品。他花费了一生的时间来建造这个花园，并体现出本地区的场所感。我知道我们需要在那不勒斯做这样的一个花园，以反映南佛罗里达州丰富的传统文化，但是，与杜邦在温特图尔的设计相比，我们需要更加随心所欲的创作方式。

用炭笔和蜡笔描画热带植物能够帮助我深入了解它们丰富的形态、材质和颜色。将这些速写扫描到我的电脑，然后随性地用photoshop进行修改，这种方式让我能体会到花园内生机勃勃的植物。

花园的主要观众是居住在佛罗里达州以外的人，大部分是游客和“雪鸟”（snowbirds，在那不勒斯过冬的人们），所以最佳的展示期是10月到次年的5月。即使在6月到9月期间没有太多的游客，我也想设计一个真正的热带花园，把炎热的夏季也包括在内，使之全年都有看点。在非夏季的月份里，佛罗里达州依然很热。因此，我们需要设计大量的林荫休息区。花园也可被用作筹款的场地，一旦它成为植物园的主要景点之后，将会被租用为婚礼或其他私人的活动使用。我们可以为举办婚礼仪式和摄影提供活动场所。

从约瑟夫·派恩（Joseph Pine）和詹姆斯·吉尔摩（James H. Gilmore）所撰写的畅

销书《体验经济：工作是剧场，交易是舞台》中，那不勒斯植物园的总体规划获得了许多的启发。这本书讲述了迪士尼和星巴克的“主题体验”所带来的附加价值。他们的理论是，在有丰富的细节支撑的主题背景下，将复杂的层次感与沉浸其中所带来的多样化的感官刺激相结合，为人们带来更难忘的体验，从而吸引消费者一次又一次地光临。派恩（Pine）和吉尔摩（Gilmore）称其为“沉浸式体验”。在植物园被称之为“哇!”的体验。对园林设计师来说，这没有什么新奇的，在星巴克出现之前，设计师就一直在创造多感官的主题体验。

是什么让热带花园独一无二

在公共园林中工作是我最喜欢的事情之一，我可以跟比我更了解植物的人们交流。每一个新的项目都有独特的植物配植，工作中我的园艺家那部分思维都能被真正调动起来。这是与热带植物的第一次接触，我急于开始学习关于它们的一切。然而，那不勒斯植物园是新建成的，他们也还没有任何专业的园艺工作人员。我需要一些关于热带花园建造的专业培训，因此我开始寻找一个专家和我一起冒险。我没有在太远的地方寻找。我住在得克萨斯州的奥斯汀，在那里我遇到了斯科特·奥格登（Scott Ogden），北美最博学的园艺学家和北美最具创意的园林设计者之一。斯科特（Scott）的工作都是关于植物、浪漫，以及为激发美好的生活而创造美丽的空间。他同意作为植物专家加入我的团队，很快我就发现他对热带花园的设计做出了巨大的贡献。如果没有他的合作，这个项目不可能成功。

斯科特很快就列出了可供园林设计使用的植物清单，其中包括三百多个植物种和品种。植物园的工作人员希望最大限度地实现物种多样性，所以我们尽可能多选一些不同的植物。我探索如何在一块小场地上，既能做到物种多样，又能使园林设计统一完整。我没有在南佛罗里达待太久时间，我的第一个任务是了解该地区的生态系统和花园的历史，包括当地热带和亚热带植物惊人的多样性，所有努力的关键是理解主导场地的场所感，发现它的本质，让它作为新花园的设计基础。

我从斯科特那里学到了很多使热带花园变得独一无二的方法。南方的光线与北方不同是其中最重要的一点，它非常强烈。太阳常常居于头顶，在夏至的中午，建筑很难产生阴影，所以没有所谓的真正的“阴影面”。那不勒斯的热是残酷无情的，人们总是想要躲避太阳，所以影子总是通过其他的方式来产生。日出日落时的倾斜光线很引人注目，

棕榈树在地面上投射出绘画般的图案——这是在整个设计构成中重要的一部分，尤其是在热带花园之中。如果地面是浅色的，那么这种设计效果会更加明显。在热带马赛克花园中，碎贝壳铺装展现出来这种效果。

对于我来说，在热带风景中有一系列全新而有趣的视觉机遇，这包括引人注目的光影图案。棕榈叶有着刀片式的放射图案，并从中心点放射出来，当另一片叶子的阴影投射到这个图案之上时，一个螺旋形的图案就出现了。

五彩芋“泰国美人”（*Caladium* ‘Thai Beauty’）有着明亮的粉色叶子，绿色和白色的叶脉，因为在冬天没有休眠期，所以一年四季它都可以在花园中呈现出观赏效果。

在佛罗里达州，你会看到有些植物是生长在其他植物之上的，比如说佛罗里达剑蕨（*Florida sword ferns*）、印度枣椰树（*India date palms*）。如果你想重新创造这种效果，一定要确保使用本土的剑蕨。波士顿蕨（*Nephrolepis exaltata*）、肾蕨（*Nephrolepis cordifolia, the tuberous sword fern*），经常在热带花园中被使用，但是也应该尽量避免，因为它是一种很强的外来物种，会将佛罗里达生态系统中的本土物种挤出去。

突然而至的雷雨则产生了戏剧性的照明效果。在白天，明亮的阳光为生成阴影提供了绝佳的机会，热带植物的叶子可以在道路和墙壁上投映出美丽的图案。

与大多数温带地区的花园不一样，热带花园不以花卉为主，而是更多关注植物的叶片纹理和构造形态。热带花卉倾向于提供斑点状的色彩，不像在北方那样，花卉可以取代绿色，形成大面积的色彩组团。热带植物大部分的颜色来自于叶片，然而一些热带树木开花时很炫目，可以用戏剧般的效果形成视觉焦点。有许多植物在夜间绽放芳香的白色花朵，在日落之后创造出浪漫的氛围。

斯科特的书——《月光花园》主要就是讲述了暗夜之中的热带花园。为了更多地了解夜间开花的植物，我和《暗夜花园》的作者彼得·勒韦尔（Peter Loewer）交谈过。我着迷地发现很多夜间开花的植物依靠蝙蝠传粉。虽然蝙蝠是温和的哺乳动物，帮助控制有害的昆虫——它们吃很多很多的蚊子，但是大多数人还是不喜欢虫子和爬行动物，因此我怀疑蝙蝠在那不勒斯相当不受欢迎。当被问及他最喜欢的夜间开花植物时，彼得说他喜欢几乎所有属于木曼陀罗属（*Brugmansia*，*formerly Datura*）植物，它们像天使的小号，特别是一些如“查尔斯·格里马尔迪”（Charles Grimaldi）这样的园艺新品种，芬芳的花朵呈现淡橙色，而不是更常见的白色。它们很容易在非热带地区的容器中生长，冬季被移入到室内越冬。当我询问彼得关于木曼陀罗的种植时，他劝我不要种在花园中，并指出其潜在的危险：如果误食天使小号的花、种子和叶子，人们将会中毒。我想那是天使正在寻找他的同伴。我们决定不在那不勒斯的公共花园里种植它们，但是彼得鼓励可以尝试在家里种植。

在佛罗里达的热带气候下植物生长非常迅速，令人惊奇。我欣喜地发现，在种植后仅一年的时间里，热带马赛克花园就看起来完全成熟。它好像一个巨大的插花作品，所有的植物都在生长，只是快慢不同。在《热带花园设计》（Tropical Garden Design）一书中，景观设计师马德·加雅（Made Wijaya）写道，“在热带花园里，必须考虑的一件事情是植物超出预期的快速生长。”它能够带来“相当大的变化，改变花园长期形成的形态平衡”。我习惯于在美国东北部工作，在那里你必须等待三年、五年甚至十年后，你才知道植物种植是否已经达到了你的预期效果。在佛罗里达，你会拥有即时满足的快感，缺点就是花园很快就会失控。树木因为生长快速而变得巨大，你不得不非常仔细地提前计划。当然，极其丰富也会产生绝妙的结果——有人告诉我，某些树木的落花很多，厚度可以铺到你的脚踝，就像地毯一样覆盖着地面。

剧场般的花园

斯科特说建造花园的过程就像创作戏剧作品。设计师是编剧或导演，生成想法以引领整个创意团队。舞台布景的设计和建造是为了给故事提供背景。许多景观建筑师似乎并不理解植物就是演员的道理。最棒的花园往往都是关于植物，而不是墙壁和铺装纹样。

在植物中有很多不同类别的演员。有为薪酬而工作的普通演员，例如总是被大家所需要的“低维护”植物，它们是群众演员，是演员阵容中的额外部分，是演出成功的必备条件，但是它们只能协助完成场景设置，这些场景是为更重要的主角准备的。昂贵的植物就像明星，需要维护和照顾。你需要它们创造戏剧性和兴奋感，完成主要的剧本情节。当然，还有天后级别的植物。是的，你必须让它们出现在花园里。它们不仅非常挑剔，而且需要重要的资源。当然，如果没有观众，整个过程就是没有意义的，为了吸引观众，故事必须有一个强大的设计主题。

我们最终确定的花园故事源自于古典题材，它优雅、浪漫、迷人而精致。我们主要使用了传统的当地材料，如彩色瓷砖、粉墙、传统植物品种（不被大规模种植的古老品种），松针叶覆盖和碎贝壳铺装。我们想要表达华丽的“老佛罗里达”的氛围，它拥有时尚的、细节丰富的、复杂的特征，而不是那种看起来马上就要成为流行样式的时髦外观。我们绝对不希望它看起来像是世俗杂志的摄

在新奥尔良的一个公寓前，我偶然发现了一个小花园，这个花园有着淳朴的感觉，错落有致地摆放着大小不一的盆栽植物。它捕获了旧世界的感觉，这个感觉正是我们想要在那不勒斯的新花园中展现的。

在穿过南佛罗里达州时，我们游览了棕榈松灌木林（*palmettopine*）。这些濒临灭绝的植被有着巨大的价值，比如给本地鸟类和其他动物提供重要的栖息地。

在佛罗里达州的威尔士湖，有一个关于博克塔花园的历史工艺品展览，在蓝色的花砖墙前面，我发现了这些橘黄色的巴豆。这个景象对于我们设计那不勒斯植物花园有着重大的影响。

尽管我们对于使用破碎的建筑元素并不感兴趣，但是在迈阿密比斯开博物馆（Miami' s Vizcaya Museum）花园中的栏杆，的确表明了我们想要为那不勒斯植物花园设计出18世纪20年代的衰败景象的想法。

未经雕琢的石头，富有质感的灰泥，宽大的观叶植物与少量的斑点花朵是古代佛罗里达花园的印记，和比斯开导览手册中的小插图一模一样。

影照片。我们不要耐腐蚀钢板和拉丝铝板的简洁线条，我们需要从像阿迪森·麦兹那（Addison Mizner）那样的设计师的风格中捕捉灵感，他是19世纪20年代的建筑师，个性张扬，擅长把装饰华丽的别墅和花园改造成地中海风格，位于佛罗里达州南部海岸的博卡拉顿（Boca Raton）和棕榈滩就是他的作品。

佛罗里达的丰富遗产

佛罗里达有着丰富的园林设计历史。自19世纪以来，许多重要的植物学家和园艺家都曾在那里生活，它也是许多重要的观赏植物的原生地。如果没有南佛罗里达，就没有兰花产业，这里还流传着关于苏珊·奥尔琳（Susan Orlean）的《兰花物语：一个绝美与迷恋的真实故事》，所有的情节都围绕着寻找稀有的幽灵兰花展开，并随后被改编为同名的电影。那不勒斯的植物园之家——科利尔郡（Collier County）也拥有大量的原生兰花，这里的兰花比北美任何地方的种类都多。

在斯科特、我和艾蕾娜·托比·辛格（Elayna Toby Singer，植物园的副园长，负责游客体验工作）参观南佛罗里达州的园林和自然景观之后，设计开始进行。我们研究了该地区传统园林的历史，因为相似的气候和其他环境条件，这些园林受到了西班牙、意大利和地中海部分地区的影响。这些来自世界各地的想法充满了佛罗里达州的历史，因此从全州的范围内进行借鉴是一个正确的选择。

已建成的园林为游客提供了一系列的沉浸式体验，可以让游客探索到佛罗里达州丰富的园艺和设计遗产。每处园林的景点都从这个地区丰富的园林历史以及热带观赏植物的丰富收藏中参考了不同的经典元素。

快速道上自发生成的空间

因为公共园林需要精心的设计、研究和讨论，所以常规的设计周期是12～18个月。我喜欢展示可供选择的设计方案，并与诸多的专业人员进行讨论，他们包括园艺师、教育工作者、营销专家，以及筹款者——由花园委员会或董事会批准及委托。为了验证和完善设计思路，通常在设计过程中需要预留充分的时间，因此，实际时间需要一年。在某些情况下，整个过程可能会需要两年或三年的时间。

但是在这个项目中不行。热带马赛克花园必须在不到九个月的时间里建成并运行。我们没有时间来测试大量的设计选项，当然，我们也没有时间精心制定施工计划。在设计开始的初期，总承包商就完成了技术决策，根据非常我被热带植物的形态、纹理和大小所吸引，尤其是天南星科的热带植物。

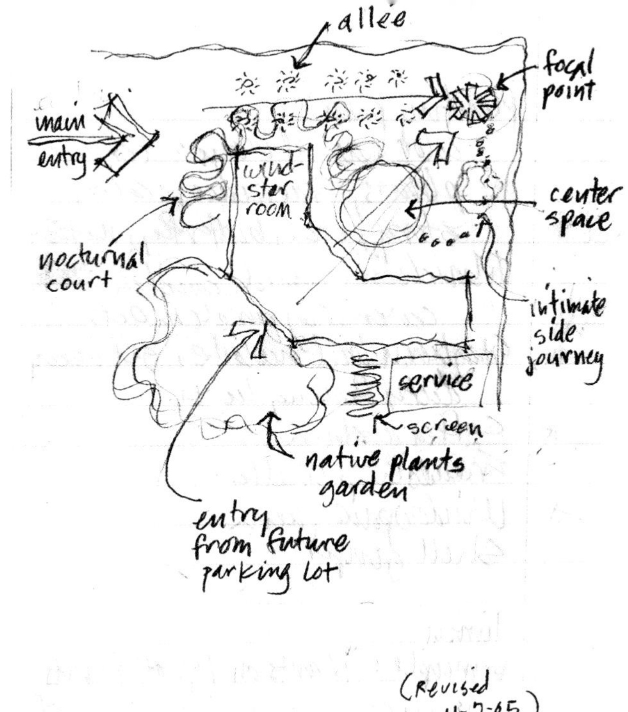

热带马赛克花园是个超级快速跟进的项目，我们不需要为精心准备设计展示花费太多的时间。最初的总体规划是用一根六英寸长的铅笔，在一个小笔记本上匆忙画出的草图。

这是已经建成的花园设计图纸，宽10英尺，长14英尺，比总体规划的草图要稍微大些。图纸被送到一个当地的建筑师手里，这名建筑师开始准备正式的施工文件。

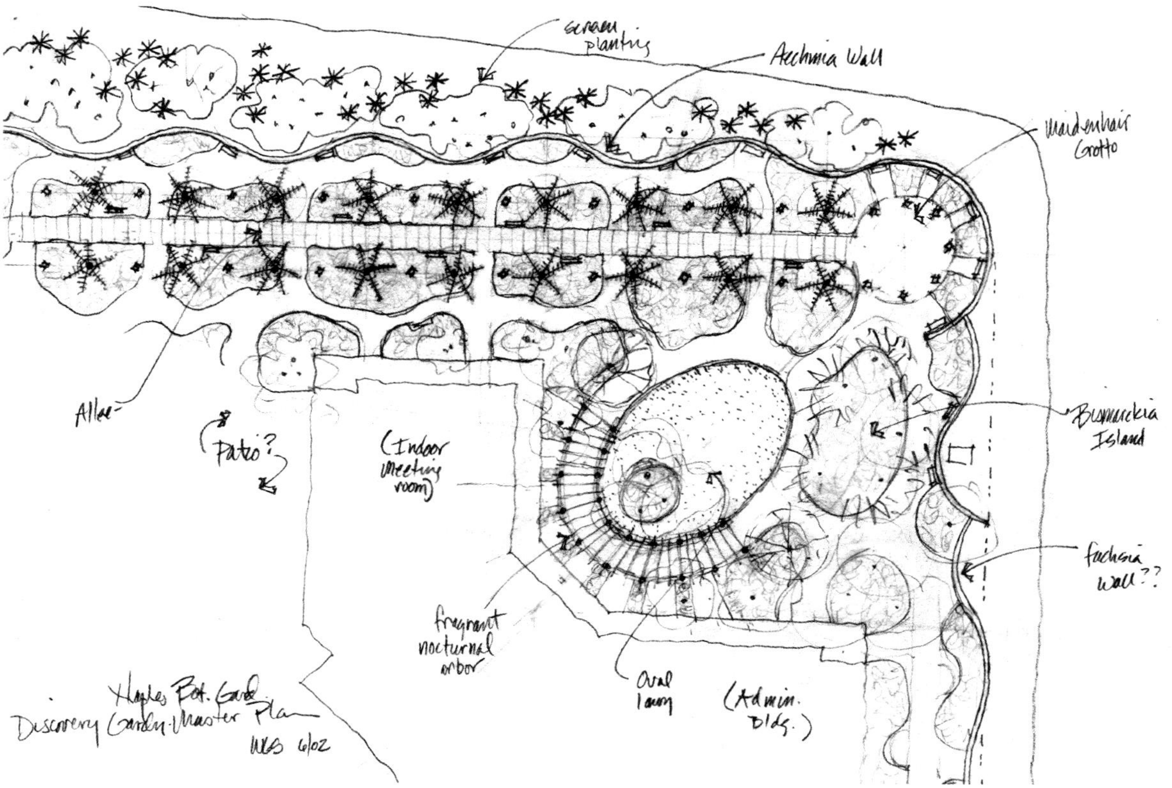

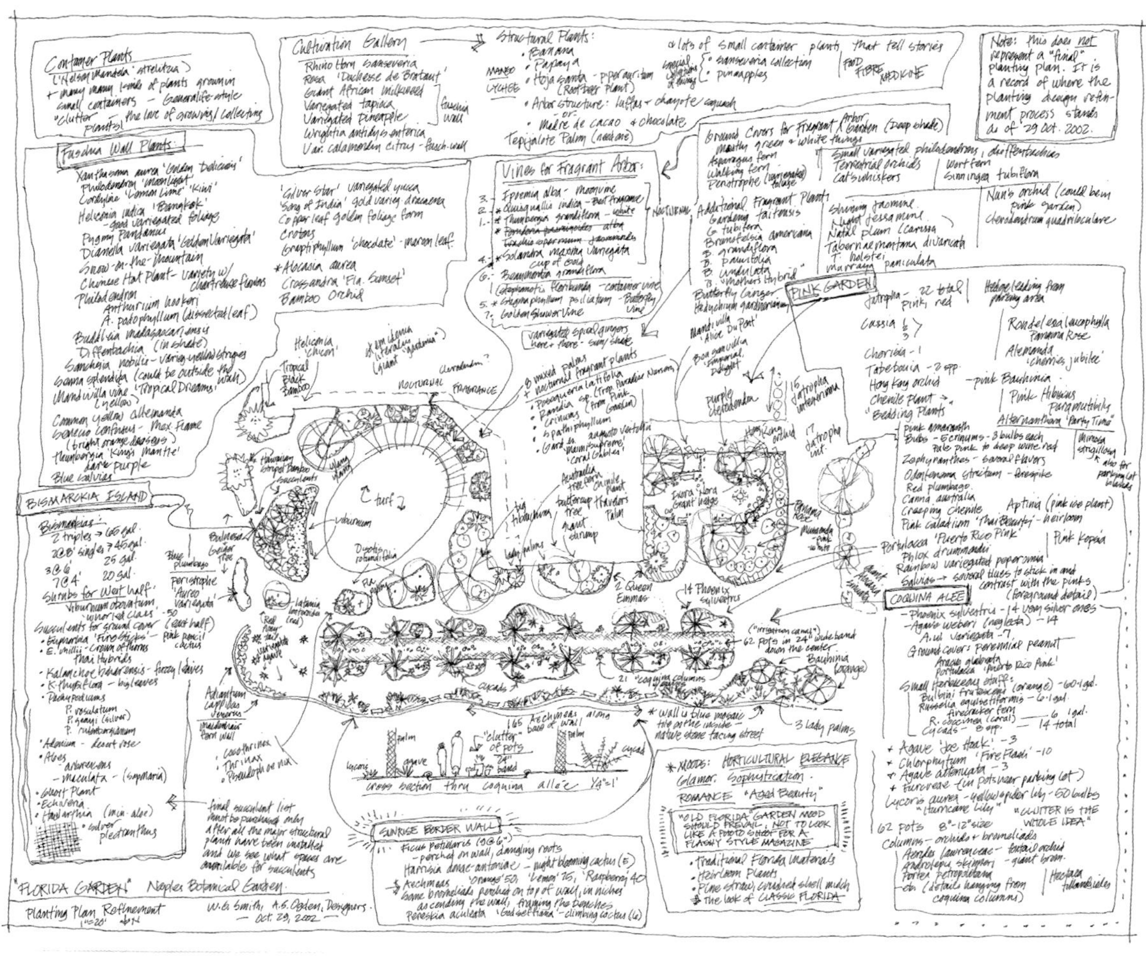

这个植物设计平面图从来没有进行过图纸制图。我们将草图放样到基地上，现场手动移栽植物进行设计。

简单的图纸快速建成了花园。对于斯科特和我来说，这是非常适合的，因为我们都喜欢创作过程中可以贯穿种植和建造，这个过程最好一直延续到花园的建成。不管你有多少时间进行规划，都不可能提前想到一切，除此之外，最令人满意的细节往往会自发地组合在一起。在接下来的章节里，我将通过花园的各个部分描述一些这样的例子。

在这样一个快速进行的时间表中，我们没有时间准备详细的图片库，用于激发设计灵感。我不得不依靠一些快速绘制的草图和绘画，对于获得设计感觉来说，这些来自于佛罗里达的花园和景观所提供的设计语汇足够了。我非常惊喜地看见很多大型的观赏植物都可以用于热带花园，特别是天南星科（*Araceae*）植物尤其让我着迷，最吸引我的是一组被称之为象耳（*elephant ears*）的植物，它们属于海芋属（*Alocasia*）、千年芋属（*Xanthosoma*）和芋（*Colocasia*）属。

种植平面图从未进入到描图纸的阶段，我的意思是，被景观建筑师们毫不留情地称之为“垃圾”的脆弱纸张，在设计过程中被绘制、卷起来，并丢到几码以外。我们的植物平面图有注释，到处随意涂写植物的名字，并用波浪线箭头表明植物组团的大致位置。事实上，每株植物在花园中的位置都是由人工完成。我喜欢看到斯科特像艺术家一样工作，他在场地上挪移植物的过程就像画家在画布上移动颜色，或者更确切地说像戏剧导演在舞台上确定演员的位置。

海枣树小径

在设计进行到一半的时候，我偶然去巴塞罗那参观，在那里，我完全为安东尼奥·高迪（Antonio Gaudi）的建筑所折服。他的圣家族大教堂（Sagrada Familia）是一座难以置信的大教堂，其建造工程始建于1882年，并持续到现在（从1883年开始，直到1926年去世，高迪一直为它工作），这座教堂一直被公认为

在设计位于那不勒斯花园的时候，我碰巧参观了巴塞罗那，为居尔公园所震惊。这个公园由建筑师安东尼奥·高迪于1914年设计完成，公园里用模仿棕榈树的建筑柱式围合出小径，在柱头的容器里放置了龙舌兰。我马上意识到这些想法对于设计那不勒斯花园有借鉴意义。

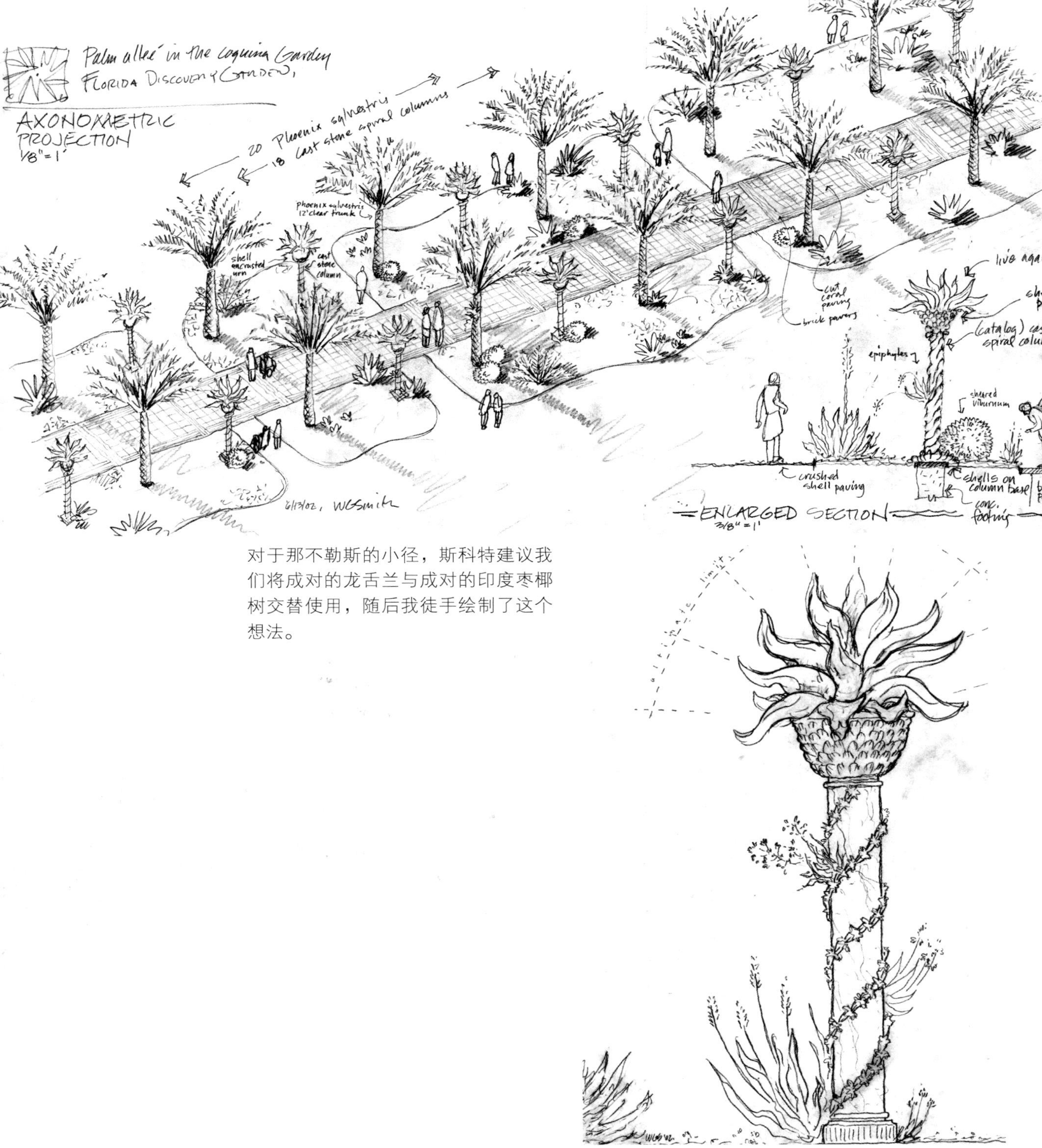

对于那不勒斯的小径，斯科特建议我们将成对的龙舌兰与成对的印度枣椰树交替使用，随后我徒手绘制了这个想法。

原有停车场的沥青路面被去掉，我在场地上直接标出了路径。承包商按照我的意见准备建造种植池来放置新移植的棕榈树，并且为新的铺装路面压实土壤。

在场地上同时进行不同的工作时，总会让人感到兴奋。当我们用马赛克拼砖制作“日出边界”主题墙的时候，印度棕榈树也正在被栽植。

我们在鱼科林场发现了这些印度棕榈树，并被它们精心修剪的样子所深深吸引。这是一种被当地人称之为摩尔根修剪的方式，它在去除老枝的时候，更加强调树干漂亮的螺旋形态。

不像气候比较温和的花园，热带花园在种植一年之后便看起来十分茂盛。这就好像是用鲜活的植物做出来的巨大的插花设计。

是世界建筑的里程碑之一。教堂的中央大殿像是一个抽象的森林，当柱子的分支汇集于屋顶时，它们看起来就像大树一样。高迪不断地吸收来自大自然的灵感。大教堂的一个解说牌上写道，被问及“森林大殿”的灵感来源时，他说，“我工作室旁边的树就是我的老师。”

我发现高迪设计的古埃尔公园（Parc Guel）比圣家族大教堂更鼓舞人心。那才是真正的天才之作，它的灵感源自于场地中的自然元素，并融入了各种奇思妙想，趣味横生。它显示了工程、景观建筑、艺术以及所有人类智慧的完美结合。在公园里的柱廊里，高迪用石柱代表棕榈树的树干，每个顶部设有盆栽的龙舌兰，使人想起拱状的叶片。为了对此表示致敬，我为那不勒斯的花园提出了一个类似的想法，在成排的古典列柱顶部放置盆栽龙舌兰。

回到佛罗里达州，斯科特发现了一些极好的银海枣（*phoenix sylvestris*），它们生长在佐尔福·斯普林斯（Zolfo Springs）一个叫鱼科林场的苗圃内。在鱼科林场（他们将银海枣称为“西尔威斯特”），棕榈树被极其精心的修剪过，非常干净，精确的切割突显了沿树干螺旋上升的叶片肌理。我们选择的树木有大型的拱状叶片，具有强烈的建筑感，正好可以形成中央的林荫小径，吸引游客从新的停车场进入花园。大多数海枣树叶片有着更丰富的绿色而非银色，因此，鱼科林场的工作人员让我们选择银色最纯正的树。

斯科特建议交替运用成对的棕榈树和柱式布置在林荫小径的两侧。同时，在斯科特的建议下，我为每个柱子设计了从底部到顶部用贝壳镶嵌的螺旋线，呼应和凸显树干的肌理。作为佛罗里达州花园遗产的一部分，贝壳镶嵌结构会与当地的建筑历史产生关联。

佛罗里达日出边界

在古埃尔公园，高迪的拼贴马赛克成为我们设计灵感的另一个来源。在那里，一个砖石长椅沿着蜿蜒的挡土墙顶部延伸，挡土

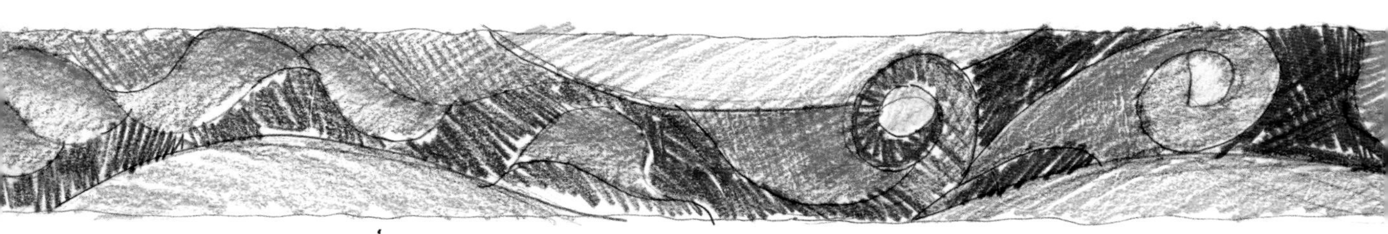

墙上覆盖着五颜六色的瓷砖，组成连续不断的壁画。异想天开的图案没有明显的韵律，也毫无逻辑，仅仅是对颜色和创造力的颂扬。在看到墙的瞬间，我知道我们必须在那不勒斯有一个类似的墙体。斯科特曾经告诉我一组橙黄相间的喜阳凤梨科的巴西斑马附生凤梨（*Aechmea blanchettiana*），其柑橘属的园艺品种名为‘柠檬’和‘橙黄’，我提议用纯蓝色的马赛克瓷砖墙作为它们的背景。由于蓝色是橙色的补色，我知道它会使凤梨科植物显示出更丰富的暖色调。墙体表面会有各种波浪形的蓝色阴影，代表着热情的佛罗里达州天空，神秘的海洋生物和微生物图像将唤起对佛罗里达州水上运动和生活的回忆。

古埃尔公园到处充满着异想天开的拼贴马赛克，即使在那些蛇形座椅和挡土墙上也都如此。尽管我以前没有做过拼贴马赛克，但是我立刻意识到那不勒斯花园需要这样的设计。

我想起了巴西斑马附生凤梨耀眼的黄色和橙色，这是一种来自巴西的令人惊叹的喜阳凤梨科植物，它将会与蓝色的背景形成鲜明的对比。前景种植的是“柠檬”栽培变种，背景处的是覆盆子。

由于没有更多的时间做详细的设计研究，因此我用彩铅快速表达了基本的设计想法。

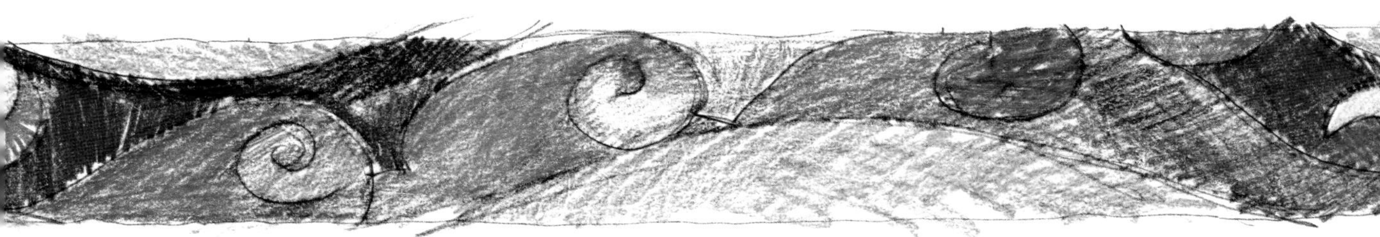

我们的总承包商建造了一座250英尺长的蜿蜒曲折的混凝土墙。用本地石材装饰了朝向街道的外墙面，内墙面则是素混凝土，准备拼贴马赛克。第一张关于壁画的草图很简单，用彩色的铅笔粗略绘制在描图纸上，仅为最终的设计提供了微不足道的建议。我之前从来没有做过拼贴马赛克，所以我不想在设计前期就做得过于细致。事实上，我直接在墙上用黑色的大蜡笔画出了最终的设计方案，这也是我画过的最大的草图。我快速地走动，起起伏伏地沿着墙壁的表面移动蜡笔，最终的曲线反映了我的身体比例和我手臂的自然弧度。空间的运动似乎赋予了花园舞蹈的属性，我感觉像是舞台上的舞者。

为了完成墙壁上的镶嵌，我与瓦石匠保罗和基思一起工作了四个星期。他们都是非常有趣的人，向我展示了如何使用切割工具和拼贴瓷砖，给我带来了来自郎·约翰·西尔弗（Long John Silver's）的鱼和薯条，希望我能全方位体验到佛罗里达州的文化。他们把我照顾得很好。他们叫我史密蒂（Smitty）。我们谈论说用别人的钱做这样有趣的事情，实在是太酷太有意思了。

保罗和基思从来没有创造过一件艺术品，他们通常在普通的厨房和浴室里工作，虽然我已经做了很多不同类型的艺术作品，但我也不知道如何将瓷砖贴在墙上。我们在与对方的合作中学到了很多。我会沿着常规的形状和曲线的边缘贴上瓷砖，然后基斯和保罗来填补中间更大的区域。我们轮流创作了异想天开的细节，并在一张长凳背后放置一个巨型螃蟹，用来纪念安东尼奥·高迪。因为他的星座是巨蟹座，螃蟹图案遍布古埃尔。这个符号在当地也具有特殊意义，因为捕蟹是整个佛罗里达州咸水域中一个主要的商业和休闲活动。

墙壁的捐助来自于当地的社区、植物园成员以及邻居，他们被邀请带来家中破碎的餐具和陶器。我们将其打成碎片，拼贴成马赛克，所以碎片有居住在花园附近的人的生活印记，就像祖母的瓷器碎片或是其他家庭珍藏的碎片。

那不勒斯花园俱乐部的主席捐献了一个有缺口的美丽盘子，她告诉我这是1938年她母亲的结婚礼物，这套精美瓷器的完好部分她仍在使用。我把盘子装饰花边的碎片放入螃蟹图案的中心。当地陶艺家吉姆·赖斯专门制作鱼盘（他的座右铭是“浅盘会带你到任何地方”），他捐赠了一些华丽的经过手工处理的釉面盘子。还有人捐赠了带有林肯的画像和芝加哥图片的陶瓷盘。那不勒斯有很多来自芝加哥的游客，所以我们把这些放在附近的一个长凳上，这样他们很容易找到。基思开玩笑说，他们应该有一个比赛，猜猜墙壁上瓷片的总数。尽管我的手指被碎片锋利的边缘割破，我们还是度过了一段非常不错的时光。

虽然我的兴趣是创建花园，花园里的植物比建筑更重要，瓷砖墙却吸引了大量的关注。尽管如此，它的主要目的还是给凤梨提供背景。演出中真正的明星是：巴西斑马附生凤梨（*Aechmea blanchettiana*）的“柠檬”、

泥瓦匠从来都没有做过碎瓷马赛克的拼贴，因此在某种程度上我们所有的人都在边做边学。

我事先并没有考虑用不同的层次表达景象，但是随着瓷砖墙光滑表面的映衬，凤梨科植物展现出浓艳的色彩。

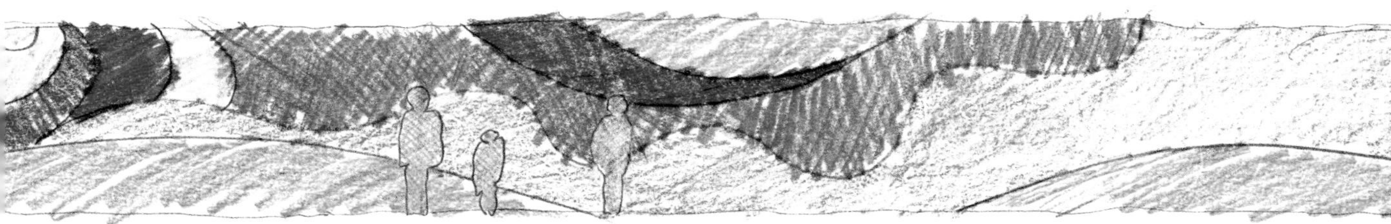

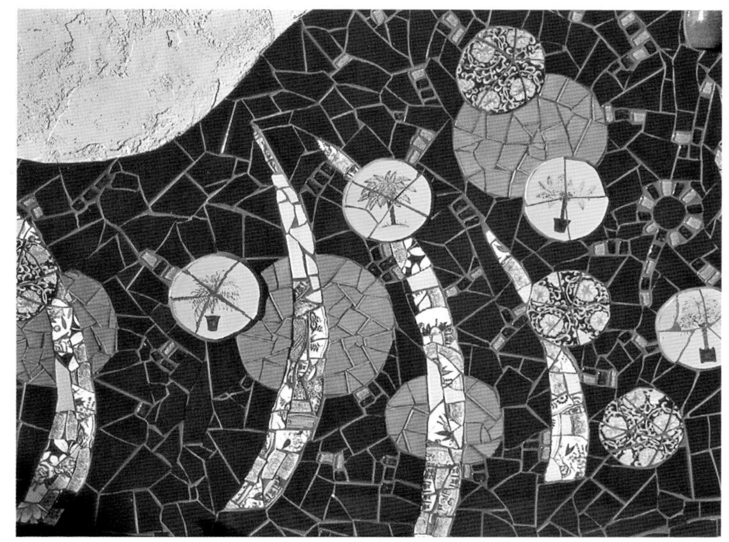

墙上的曲线表达出了人类手臂的自然弧度，精选的墙面颜色更强调了植物的特点：背景的蓝色与凤梨科植物的黄色形成鲜明的对比，同时，少量的红色瓷片与墙面上的橄榄绿形成补色平衡。

这种螺旋的图案暗示了沙滩上的波浪形态。

圆点图形的概念来自于凤梨科植物投射到墙上的阴影，黄色的圆点用廉价的装饰盘切碎制成，它们购于当地的家居饰品店。

一个当地的制陶工人捐赠了一些很棒的鱼形盘子的碎片，它们被转换成了弯曲的海洋生物，这些海洋生物在游动，周围随意漂浮着海贝形状的餐具和烟灰缸。

“橘子”、“橙色”和“树莓”品种。瓷砖墙上尖尖的形状代表凤梨投射的阴影。傍晚，当我开始在墙上作画时，我把一些盆栽凤梨与裸露的混凝土放在一起，对比观察植物与背景的差异程度。太阳落山了，叶子在墙上投下阴影。没有过多考虑，我直接把阴影画到了墙上，使它们成为设计的一部分。

意外的发现往往是创作过程中主要的一部分。我从艺术家那里学到，通常最好不要提前设定太多的细节，而是要保持创新精神，让新的创意成为可能性。你做了预先的准备工作，确定了简单而清晰的整体概念之后，你可以顺其自然，让不可预见参与进来。在我们贴瓷砖的过程中，墙似乎有了它自己的生命。有一天，我觉得蓝色太多，它需要一些对比，于是我咨询保罗和基思在哪里可以买到其他颜色的碎片。他们带我去城镇另一边的旧货商店，巴斯（the Bass & Bass）跳蚤市场。我到那边发现了各种各样的好东西，包括各种家庭装修时遗留下来的各种各样的彩色瓷砖。

我还发现一整套陶瓷烟灰缸和肥皂碟，这些形状像贝壳的纪念品釉色柔和。我将它们都买了下来。事实证明，这些不仅仅只是纪念品。巴斯跳蚤市场从希尔维亚贝壳陶瓷商店（Sylvia's Shell Ceramics）买到它们，这

在佛罗里达那不勒斯地区周边和内部，到处都是关于超洁净和消毒主题的商业广告，所以我制作了这个巨大的微生物图形，展示这个食物链底层的生物。

个商店的老板最近关闭了生意，搬回了北方。偶然发现它们就足够棒了，但后来令我吃惊的是，希尔维亚贝壳陶瓷商店就位于植物园对面的街上。这些时髦的小东西跨过花园前面的街道，穿过城镇被带入跳蚤市场，我无意中让它们又回到出生的地方。作为佛罗里达民间艺术中优秀的一部分，它们被永久地嵌在墙上。

那不勒斯人超爱清洁这一点真的很困扰我。似乎生活在那里的人痴迷于一切强力清洗。这儿的风景仿佛经过强效消毒，它使我的皮肤发痒。数英里的范围内找不到天然微生物，食物链的底层生物根本没有生存的机会。我认为佛罗里达的大多数游客并没有意识到，那些微小的、看不见的生物实际上统治着世界。既然没有人关注，我就发明了一个巨大的微生物，一个介于草履虫和细菌之间的虚构的混合体，并把它放到墙上。如果我能正确记得高中的生物学，草履虫应该有纤毛和细菌鞭毛。这两个特征混合体都具备。我敢肯定现实世界中没有这种生命形式，但谁在乎呢？这是我自己的幻想。在我还是个孩子的时候，我就一直幻想着巨大的微生物，包括鞭毛这个微生物至少有60英尺长。这是我无声的抗议生活在洗手液的世界，它至少让微生物在这个花园中象征性的出现一下。

事实证明，瓷砖壁画已经成为整个花园最受欢迎的一景。马赛克瓷砖墙和墙前面的凤梨组合被称为“佛罗里达日出边界”，热带马赛克花园的名字也源于这面墙的景观。

椭圆形草地和芳香的夜间藤架

我们将花园中心区域的椭圆形草地作为开放空间，供户外会议讲座和活动使用。为这个被丰富植物环绕的区域保留一些呼吸的空间。椭圆形草地的边缘是行政楼和教学楼，我们在那里创建了一个展示开花藤蔓的藤架。穿过椭圆形草地，在佛罗里达日出边界对面，这个芳香的藤架在夜间提供了一种截然不同的体验。佛罗里达日出边界需要全光照的条件，需要充足的光线和空气，芳香的夜间藤架靠在建筑的北面，那里的空气温度比花园中其他地方略低，小型的排水系统意味着这里也有点潮湿。斯科特将这些芳香藤蔓植物称为“臭东西”，在花园中最阴暗的角落处，我们将十余种夜间开花的“臭东西”一起种植在光照柔和的凉棚下。

斯科特指出场所的重要性是为人们提供日落之后的聚集地。热带花园需要这些地方，在那里你可以放松和享受夜晚的凉爽，空气中充满着夜间开花植物的气味。在芳香的夜间藤架的植物组合中，我们重点强调了在月

在俾斯麦椰子岛上，开放“剧场”围墙的一侧是椭圆形的草地。为了使得岛屿的一边保持安静，不至于和草坪争夺注意力，棕榈树被一群荚莲属植物（*Viburnum obovatum* ‘Whorled Class’）所环绕。

在远离椭圆形草地的俾斯麦椰子岛的另一边，有着尖尖叶子的棕榈树成为针叶植物组合的主旋律，我们收集了沙漠玫瑰（*Adenium spp.*），皂芦荟（*Aloe maculata*）和棒槌树（*pachypodiums*），并且挑选出了各种颜色的虎刺梅（*Euphorbia milii Thai hybrids*）。

光下发光的白色花朵，如月光花（*Ipomoea alba*）。除了开白花的藤蔓植物，列表中还包括有着繁盛红花和甜蜜水果香味的使君子（*Quisqualis indica*），以及金杯藤“斑锦”（*Olandra maxima*‘Variegata’），它有着巨大的黄色杯形花、紫色的茎秆和乳白色叶边，香味让人联想到椰子。

俾斯麦椰子岛

椭圆形草地的一侧被俾斯麦椰子岛包围着，那是一群长在土堆上的银色俾斯麦椰子（*Bisrnarckia nobilis*）。草地的对面，这些棕榈植物与常绿荚蒾［荚莲属的‘轮生类’倒卵叶荚蒾（*Viburnum obovatum*‘Whorled Class’）——有时品种的名称取的真是太恰到好处了］混合种植。这些荚莲属的植物长着螺旋状排列的又小又有光泽的深绿色叶子，在大部分温带地区都可以生长，甚至可以达到9区。如果你认为椭圆形草地是一个开放的剧院，俾斯麦椰子岛则是环绕着中心空间的一个侧壁，毫不引人注目。我们不希望岛上的种植扰乱游客在草坪上举行的活动，所以我们让它们保持安静。

然而，如果你走到岛屿的另一边，你会发现自己处于完全不同的地方。从岛的一端到另一端，喧闹的仙人掌科的植物组合展现了强烈的氛围变化。有一种设计方法可以创造令人兴奋的花园，当游客从一个场所走到另一个场所时，要让他们感受到强烈的对比。

俾斯麦椰子岛高低不平的一侧种植着种类繁多的植物，包括冠荆棘（crown-of-thorns），各种芦荟（aloes），以及南非的仙女之舞（*Kalanchoe beharensis*），也叫伽蓝菜。尤其让人驻足观赏的是绿玉树‘火棒’（*Euphorbia tirucalli*‘Sticks on Fire’），铅笔仙人掌（*pencil cactus*）。斯科特为俾斯麦椰子岛

在紫红色的墙体前方，深黄绿色的千年芋属植物（*Xanthosorna*‘Lime Zinger’，它的块茎可以食用）与背景对比强烈，效果十分鲜明，同时，它与澳洲坚果（*Macadamia integrifolia*）毛茸茸的粉色花朵也形成了对比。

选择的植物满足了多样性的要求，通过限制多刺植物的色彩，我们赋予它鲜明的统一主题。斯科特选择的大块塔米亚米石灰岩也丰富了我们的设计，这种石头是佛罗里达的一种当地石材，由石化的珊瑚和贝壳化石构成。石头的锋利边缘很好地强调了植物的尖刺质感。

紫红色的墙壁

我想有一个紫红色的墙，因为佛罗里达的许多植物颜色是橘色、粉红色和黄绿色，在浓艳的彩色背景下，这些颜色真正地描绘了春天的生活。在海伦·摩根豪斯·福克斯（Helen Morganthau Fox）1929年的经典园林著作《露台花园》中写道，“涂绘的墙体为生长着鲜花的花园增添了色彩”，在这种情况下使用鲜艳的洋红色，她写道，“或许，这颜色是如此浮夸，如此丰富和跳跃，我们都担心它，但是当我们去除了清教徒的压抑，我们将获得勇气，无畏地使用洋红色。”

在那不勒斯植物园我惊奇地发现清教徒抵抗紫红色的想法，而且我不明白为什么使用它是如此困难。董事会成员之一把我拉到

凤梨“象牙海岸”（*Ananas comosus* ‘Ivory Coast’）有着奶油色条纹的叶子和穗状的质感，与墙上的棕榈树倒影相映成趣。右边的植物是槟榔芋（*Colocasia esculenta* ‘Burgundy Stem’），遮盖地面的是淡黄绿色叶片的金叶番薯藤蔓。

芬芳的翅茎西番莲（*Passiflora alata*）呈现出的淡紫红色，与紫红色的背景墙非常和谐。花朵凋谢之后就会长出可食用的果实。

一边直截了当地告诉我，那不勒斯在佛罗里达西海岸，西海岸的居民非常不同于那些生活在东海岸的居民。我被明确告知那不勒斯不是迈阿密。我指出，热带马赛克花园的主题应该包括南佛罗里达的全部，包括东部和西部，最终他们同意考虑我的选择。

实际上，我们在墙上画了一个紫红色的范例，然后他们召开特别董事会决定该做什么。我们用一些盆栽演示，在鲜艳的背景下，它们可以多么令人兴奋。斯科特和我给他们讲述了伦纳德·福克斯，一位16世纪的热带植物学家，和长颈倒挂金钟（*Fuchsia triphylla*）同名，这是一种广受喜爱的花园倒挂金钟属（*fuchsia*）植物（然而，我们没有提到福克斯也是第一个描述大麻的植物学家——我们认为他们已经竭尽所能了）。我恳求他们尝试一下紫红色的墙壁，如果没达到他们的满意度，我们可以重新刷一遍，换成另一个颜色。他们深吸了一口气，最终决定试一试。

刚好那个时候，托马斯·赫克加入那不勒斯花园作为园艺指导。汤姆喜欢紫红色墙的想法，建议我们通过种植热带可食植物和观赏植物，来增加教育功能。我同意这个好主意，汤姆选择了品种独特的经济作物，它们较高的观赏价值与紫红色墙体看起来非常搭配。最后的种植方案包括可以食用的西番莲、澳洲坚果、芋头（世界上最常见的淀粉类主食之一）和菠萝。

花园向公众开放时有一个盛大的仪式，我们在椭圆形草地上设置了讲台，以发表讲话并致谢。在聚会上，我注意到许多人都穿着色彩明亮的服装，那些颜色你会在迈阿密找到更多。我走到讲台上，要求所有穿着鲜艳颜色的人走到紫红色墙旁边。我将他们组织好并合影留念，一劳永逸地解决了在花园里用紫红色这个问题。有时艺术像一场辛苦的战斗，但如果你坚持下去，回报可能是很丰厚的。

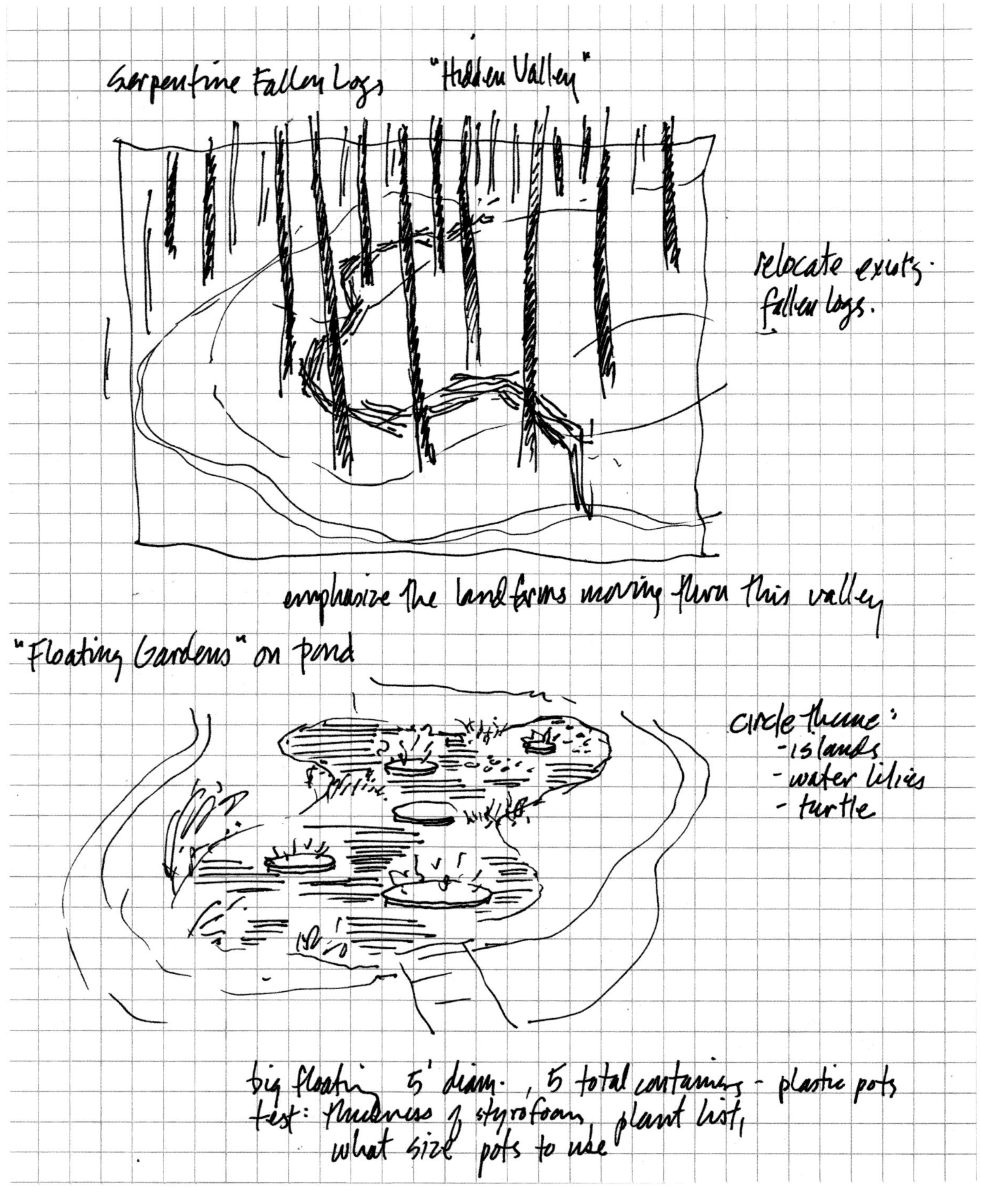

Serpentine Fallen Logs "Hidden Valley"
relocate exits: fallen logs.
emphasize the landforms moving thru this valley
"Floating Gardens" on pond
circle theme:
- islands
- water lilies
- turtle
big floating 5' diam. , 5 total containers - plastic pots
test: thickness of styrofoam, plant list,
what size pots to use

第8章 与荒野合作：新英格兰野生花卉协会的林中花园

新英格兰野生花卉园坐落在树林里，格温·斯托弗（Gwen Stauffer）想在这里做一些改变。为了让人们关注乡土植物，知晓环境保护的价值，作为执行董事的她一直在寻找革新的办法。突然间她有了一个大胆的想法：他们将策划一个关于乡土植物的雕塑展，这是之前没有人用过的方法。林中花园所在的马萨诸塞州的弗雷明汉及其周围有许多乡土植物的爱好者，他们可以讨论如何使用一些新的与众不同的要素。她想吸引新的观众进入花园，参观"艺术走进荒野"的展览。

我一直在寻找各种办法，让乡土花卉发挥出创造性的潜力，并且超过我们之前在长木花园皮尔斯林园中的水准，达到纯艺术的水平。所以，在2006年，当格温给我打电话的时候，我就迫不及待地想把我们俩的想法融合在一起。乡土植物的移植可以有些小小的改变，不应该仅仅局限于马萨诸塞州的郊区。对于热衷于以自然生态系统的形式展示乡土植物，我感到厌倦。为什么不去突破局限？我们没有任何损失，因为这个展览只为了在一个生长季内发光出彩。

对于《艺术走进荒野》项目来说，速写是基础，这些都是我为"隐匿山谷"和"浮岛"所画的速写。在项目中，大部分的设计工作都是利用现有的乡土材料制作完成的。

自发性和协作

在2006年秋到2007年冬这段时间里，我几次去了林中花园，和野生花卉协会的工作人员一起想了一些新鲜的点子，即在全园的不同位置上，放置系列雕塑设施。其中包括：草本部落、山毛榉柱廊、浮岛和隐匿山谷。到了春天，会有一大批志愿者来到这里，我们一起用一周的时间来打造这个展览。我发现最新鲜的事情是整个进程没有草图和计划。我只是用笔记本简单地勾勒大致的草图，每一幅图代表一个想法。大多数创新的作品都是自然而然迸发出来的，我们直接使用场地中现有的材料，一起工作。

每个装置的设计都受到了自然生境的启发，将生机勃勃的乡土植物与从乡土植物中获取的材料并置。然而与大多数乡土植物景观不同的是，每一处景观都呈现出人类的创造力，而非自然形成。与才华横溢的园艺工作者和非常热心的志愿者共同合作，使我们的创造力有了灵魂般的碰撞，想象力更加不拘一格。

草本部落

在我自己家的花园中，放满了自然式的雕塑作品，林中花园中的装置从这些作品中得到了灵感。几年之中，我一直在实验如何牢固地捆绑草束，并把它们分布在花园的各处，成为令人惊叹的节点。在此基础上形成了草本部落这个想法，即将325束乡土草本植物集中收集在一个区域。冬天的时候，工作人员已经收集了大量的乡土草本植物，将它们悬挂在小仓库里晾干，免受雨雪的侵蚀。这些品种包括本地的须芒草（*Schizachyrium scoparium*）、柳枝稷（*Panicum virgatum*）和伽马草（*Tripascum dactyloiders*）。

每一个草束都是由一株草本植物构成，从底部到顶部每隔六或八英尺，用绳子将它们紧紧地系在一起。我们将这些草束运到花园中植物稀少或没有植物的区域，这些区域

在早春的下午，我们花费了半天的时间组织花园志愿者工作，他们很快便可以熟练地捆绑这些乡土草本植物。所以当社区中到处出现草束时，大家都不会感到惊讶。

我们把捆绑的草束带到了花园植物稀少和没有植物的地方，并且将它们固定在每一个我们敲进地面的钉子上面。照片由新英格兰野生花卉协会提供。

以自然方式分布的325个草束重复出现（有的聚集，有的分散），赋予了那些曾经有些凌乱的岩石和珍稀植物团结一致的感觉。

内部只有一些杂乱的岩石，需要用其他的东西来装饰它们，使它们与整体的设计统一起来。我之前建议将草束配植成自然漂浮的图案，希望通过简单的竖直线条的重复，为这个区域赢来视觉凝聚力。我将325个小旗子插在地上，不断地调换位置，直到抽象的图案完全覆盖整个地面。我们在每一处的地里打了一个小的金属桩，然后将一个草束插进桩内。

夏天的时候，街坊邻里的前院里都摆放了草束，这足以证明，草本部落的概念在当地十分受欢迎。它们很容易制作。除了草本植物，你只需要一些绳子、细金属或者竹棍。为了展示草束最好的效果，需要让它们保持直立，所以金属棍更合适。简单的钢筋棍更为好用，在任何家庭用品店里就能很容易地买到它们。

山毛榉柱廊

制作草本部落的过程非常有趣，因而我们将更多的时间用于捆绑枝条较大的山毛榉，这是一种更可持续的材料。林中花园里有很多山毛榉，入口有一处山毛榉的天然幼林。这里也是“艺术走进荒野”展览的入口，所以，我们也在此处设计了一个山毛榉小径，搭建山毛榉柱廊。我们放置了十一组山毛榉柱子，每一组接近十尺高，都由七到八根细长的枝条组成。

尽管山毛榉要比草本植物大得多，但是每一组只需要固定两个地方。我们用简单的

在山毛榉柱廊，我们首先把两排金属篱笆桩打入地面，周围捆绑上七八个山毛榉枝条，使它隐藏在中间。照片由新英格兰野生花卉协会提供。

山毛榉柱廊成为《艺术走进荒野》的主入口。

黄麻绳子缠绕固定。不像草本植物，需要从头到脚地缠住来保证清晰明了的垂直线条。山毛榉枝条的顶部没有捆绑，它们发散开来，在小径上形成拱形覆盖。这些枝条十分沉重，所以中间的结构桩需要非常结实。我们运来了标准的八尺长金属围栏桩，打入地下三尺，将每一组枝条安置在桩子周围。开始时，我们用临时的绳索保护山毛榉，将它们绑紧，接着用黄麻绳整齐地缠绕。等到绳子缠绕完毕，再把临时的绳索拿开。

将柱廊放置在天然山毛榉树林的旁边，在自然与人工建构之间产生了有趣的对话——一个以自然式设计与规则式设计为主题的有着挑衅味道的评论。

浮岛

我最喜欢的雕塑是浮岛。林间花园里有一个可爱的池塘。池塘里面生长着荷花，我想用圆形的漂浮装置来模仿这些荷花的形态。花园工作人员建议我们用特定的材料来制造岛屿，那是被用作湿地保护的专用材料，托盘由可回收的聚合材料格栅制成，在内部注入航运上常用的有浮力的泡沫聚苯乙烯，使得格栅能够漂浮在水面。在生态修复过程中，它们被塞满湿地植物，这些湿地植物能够吸收多余的氮和磷，提高池塘系统的环境质量，从施肥过度的草坪上冲洗下来的氮和磷是罪魁祸首，它们引起了藻类的大量繁殖，而湿地植物开启了健康水生生态系统的新篇章。托盘中的湿地植物可以增加水中的含氧量，为微生物和大型生物提供栖息地，恢复自然湿地生态系统的平衡。

每一个岛屿都用绳索与池塘底部的混凝土砌块相连，它们从现有码头上延伸出来，按照直线型的方式一字排开地漂浮着。它们在微风中轻轻地晃动，柳枝稷（*Panicum virgatum*）、白龟头花（*Chelone glabra*）和丝兰叶刺芹（*Eryngium aquaticum*）也随风摆动，小盼草（*Chasmanthium latifolium*）生长在它们中间。

现在的林中花园有了永久性的特征，在仲夏时节，岛屿上有各式各样的湿地野花竞相开放，这包括红花半边莲（*Lobelia cardinalis*），药用蜀葵（*Hibiscus mocheutos*）和大叶紫花半边莲（*Lobelia siphilitica*）。照片由新英格兰野生花卉协会提供。

这个岛屿四季都充满着乐趣。在冬天，一层薄冰不定期地将它们冻结在一起。照片由新英格兰野生花卉协会提供。

岛屿竣工后不久，一只鸭子移居到其中的一个岛屿之上，建了巢穴，并且迅速地开始食用它周围的绿色植物。

很幸运的是，在它吃光了周边的掩蔽植物之前它的蛋孵化了。照片由新英格兰野生花卉协会提供。

位于蒙大拿州谢普德（Shepherd）的国际浮岛组织建造了我们的岛屿，尽管这家公司通常制造不规则的有机形态的岛屿，但这回是为我们精心制造出完美的圆形来模拟睡莲的形态。开始的时候我们考虑着将它们以自然群落的形式放置，但是我想尽可能地远离自然有机形式。所以最终把它们按直线排列，并从现有码头的末端延伸出去。当你的视线掠过湖面时，它们就像巨大的漂浮踏脚石。这处景象十分受大众欢迎，以至于野生花卉协会将它们长久地保留。这个作品提供了明确的证明，艺术可以提高环境的质量，丰富池塘的生境。

当地的野生动物也十分认可浮岛。浮岛种上湿地植物并漂浮几天之后，一只鸭子登上了其中一座岛屿并筑了巢。让所有人更喜出望外的是，它下了几颗蛋并立即在周边开始觅食。工作人员定期用邮箱发给我它的日常生活照片，我们都屏住了呼吸，看它是否会在吃掉所有周边掩蔽植物之前孵化成功。有一天我打开我的收件箱，非常惊喜地看见鸭妈妈带着她的孩子在池塘里畅游的照片。对于鸭妈妈来说，岛屿是否以直线型排列，或者是否模仿自然是无关紧要的。最重要的是食物、遮蔽处和孵化的地方。

鸭子们每年都会回到这里来，在繁殖的季节里孵化出四到五个蛋。

隐匿山谷

主游园路穿过可爱的林间山谷，连接着林中花园的两个部分，很少有人在路过这里的时候驻足凝视。这里有优美的地形，陡峭的山坡与硬朗挺拔的茂林形成了强烈对比。格温思考着我们怎样设计会让这片区域富有吸引力，最终她想到了一个装置的创意，其灵感来源于大地艺术家安迪·高兹沃西（Andy Coldsworthy）的精神。他可能是在实践领域被广泛认可的环境艺术家之一。高兹沃西创造了和自然环境融为一体的美丽装置，清晰地展示了人工形态的魅力。格温建议我们使用凋零的树枝和原木，重新搭配成一个图案，来吸引游客的目光。我们决定按照蛇形线的方式放置它们，伴随着山谷的边缘起起落落，将视线吸引到树林之中。我们将这个设计命名为隐匿山谷。

我喜欢利用现场材料的想法，它不需要任何来自场地之外的材料去创造艺术作品。我与两个工作人员和那里的志愿者一起工作，只用了半天的时间便完成了作品。我们完成的当晚下了一场及时雨，让叶子均匀铺撒在林间，清除了我们制作时留下的痕迹，使得蛇形线的效果脱颖而出。隐匿山谷备受喜爱，因此也被长久保留为林中花园的特色，在这里，它逐渐地分散，最终隐匿在森林的地平线之中。

在自然中嬉戏，改变感知

在“艺术走进荒野”的展览中，一群成年人像孩子们一样在自然中嬉戏。尽管我们做了一些预想和先前的讨论，但是艺术创作大部分都是自然而然产生的，富有自由的神韵。参与者之间会产生令人兴奋的共鸣。每一个装置都展示出了创造力，这种创造力的水准远远超越我们中任何一个人的单独思考。

在每一个装置中，我们肆意地释放着想象力，用简单的约束条件统一全部的展示效果。因为颜色和材料来源于鲜活的乡土植物，保证各种各样的装置有相同的主题。并且，每一个独特的装置都与它周围的环境遥相呼应——山毛榉柱廊毗邻自然的山毛榉群落，隐匿山谷的蛇形线条直接来自附近凋零的树干和树枝。“艺术走进荒野”很好地证明了，在特定条件下，当创造力可以无拘无束地发挥时，设计将会十分抢眼。

因为我们运用艺术家的准则建立秩序感，所以整个过程不仅仅是在自然中玩耍。尽管我们创造的大多数艺术品都是临时的，但是我们知道，在园林景观中对乡土植物的感知方式将会永久性的改变。

在隐匿山谷中，已经倒在森林地面上的原木和树枝被重新整理安置，以蜿蜒的蛇线形呈现出来。照片由格温·斯托弗（Gwen Stauffer）提供。

这条线伴随着山谷的坡面蜿蜒伸展，波浪起伏的水平线条与树木硬朗挺拔的垂直线条形成了有趣的对比。照片由新英格兰野生花卉协会提供。

第9章　幻想和想象：温特图尔的魔法森林

作为1988年到2005年间温特图尔的董事和管理者，丹尼斯·马格纳尼多年来一直都想创建一个儿童花园。1998年的时候，她询问我是否能够加入成为设计人员之一。二十多年前，在我还是一名学生的时候，我研究过布兰迪万河山谷庄园的大花园，我的毕业论文是关于玛丽安·科芬所做的特拉华大学校园设计，其中也包括记录她与杜邦家族成员的关系。对于合作建造儿童花园的前景，我感到十分兴奋，尤其是这个花园可以体现温特图尔和布兰迪万河谷所蕴含的场所感。花园工作人员已经选好了主题——“精灵与林地精神”。在这个艺术与景观、幻想与园艺并存的区域性主题的背景下，我们创建了魔法森林。

我们想让温特图尔花园与众不同，让魔法森林与美国同时期的其他儿童花园有所区别。很多儿童花园实际上已经不是花园，它们最多算得上是教育设施，教给孩子们园艺或者生态知识，或者它们只是游乐场，与周围大一点的花园差不多。我们想要创造一个场地，在那里孩子们可以沉浸在自己的世界里，用畅想，用美，以及所有感官和无形的体验来定义一个真正的花园，同时也与温特图尔花园设计中丰富的传说相得益彰。

在童话中十分常见的蘑菇圈，在真实的森林大地上也很常见。尽管这个圆圈通常由单一物种形成，但是画中所展现的圆圈是古怪的蘑菇状——几乎所有的孩子都能够理解。

我已经决定将橡树山作为新花园的场地，讲得神奇一些，能在这个场地做设计我们都觉得十分幸运，因为这里完全被温特图尔的美景所环绕。魔法森林位于绚丽的花园中部，而花园本身也被宏伟的庄园所围绕。环绕温特图尔的外景是整个布兰迪万河山谷，这里有着惊人的规模和美景。如果世界上真的有精灵存在（许多人相信存在），我猜想它们应该就住在这里。如果真的是这样，它们会喜欢住在哪儿呢？我想，这将是它们住进魔法森林最好的机会。

孩子的立场

杜邦知晓花园对于孩子的意义，并且经常说："我一直都热爱着花儿，并且像孩子一样喜爱拥有一个花园，如果你是在花儿的陪伴下长大，并真正地感受着它们，你便会情不自禁地被它们的比例、颜色、细节与质感所吸引。"

在第一次与温特图尔的工作人员会面的时候，我询问他们打算花多少精力，去调查已有的各个年龄段的不同娱乐休闲活动。丹尼斯（Denise）疑惑地看着我，并且宣布："没有时间，我们希望你把自己想象成八岁的孩子。"哦，我想，这太简单了。接着她解释到，设计不是被告知的，不应该被研究所驱动——她希望我们创造出一个表现性的艺术作品，能够直接与孩子的情感对话。

一个有才能、勤奋并且专业的人员可以让事情沿着正轨进行，与他合作不时地让我的思绪从迷雾中跳出来，这是一个梦幻的过程。我知道我们将会设计一个场地，在这里我们将会把所有我们从艺术家那里学来的知识付诸实践。我们将会完全地沉浸在格瓦拉精灵和林地仙女的传说故事中，如果我们能够解除禁锢，自由发挥想象力，我们极有可能设计出一个花园，花园的每一处都像温特图尔花园一样，作为艺术品而存在。

第一次会面之后，我开始思考所有安静的孩子会在游乐场上做些什么呢？我想知道什么样的空间会存在于他们的想象之中呢。我在日记中写道：

> 魔法森林不应该是一个充斥着高辛烷含量（烟雾）的场所。它应是一个安静玩耍与遐想的场所。也不是完全安静，但我希望嘶喊和尖叫声可以达到最小。在魔法森林里，所有的活动都应该让孩子们将注意力集中在周围环境上，而不是他自己。这里将会成为一个让人感到兴奋和好奇的地方，也会让人在自然面前感受到自己的渺小。
>
> 大量有趣的水柱！出其不意喷溅在你身上的水柱！潮湿，长满青苔的地方。树根，粗糙的老树根一直延伸到地下世界，黝黑、光滑富有光泽。采集树根，然后用青铜浇铸。将它们与腐烂的树桩融为一体。酷似伞菌般的石头从草皮中冒出来。
>
> 石蘑菇或者是青铜做成的仙境圆环。
>
> 隐匿的宝藏、镜子、漆黑的池塘、苔藓和蕨类植物、太阳旋涡、太阳发出的耀眼光线、杜鹃花隧道、表演者、石堆、不同类型的水景：

池塘、喷雾、溢洪道、水滴；月亮门、风铃拉索、动态景观。

光线、运动、欢乐。

探索的惊喜。

魔法。

魔法树一定是儿童花园的一部分。许多年来，我参加过许多讲座和研讨会，都是关于树木的精神价值以及建立人与树木之间联系的重要性。我记得一场讲述我们与自然精

通过调查魔术的历史我开始了设计进程。手绘了一系列关于魔法的符号。尽管只有几幅在练习中产生的画被直接用在了魔法森林的设计中，但是这确实让灵感向正确的方向迸发。

为了让自己以孩子们的视角考虑花园，我把各种各样的想法和一系列的有关情绪研究的图片拼接在一起，其中包括正在休息的仙女，一个蘑菇和一个温特图尔花园露台的椅子靠背。

我给古希腊和罗马的月光女神露娜设计了一个现代的蛾形翅膀。

神相通的讲座，由印第安女巫医Pa ‘Ris 'Ha主讲。她告诉我们树木渴望获得我们的注意力。

1989年，我与我的同事们在南街设计公司工作，我们的工作是替换费城市中心沿着本杰明·富兰克林百汇街上所有的树木。我们已经去过郊区地区的苗圃，挑选并记录了成百棵作为替换的树种。将它们从美丽富饶的生境中运回来，并栽植在如此贫瘠的城市环境中，对此我十分没有把握。在一个研讨会上，我遇到了犹特巫医约瑟夫·雷尔，诉说了我的忧虑。他告诉我，“树也在寻找景观设计师，让设计师用它们的能量治愈城市中的人们。”他反问我为何不把它想成实际上是树木选择了我呢？在给树贴标签的时候，他建议说，我应该用手轻轻地抚摸每一个树干，征求它们的同意。他十分确信，树一定不会拒绝我。

是的，树木从来没有拒绝过我。“树木是极棒的”这个信念伴随了我二十余年。魔法森林半隐半现地处于一颗古树的巨大树冠之下。并且，橡树山这个场地足够小，我极有可能去了解熟知每一棵树。

创造神话

杜邦非常喜欢装饰性物件、工艺品和古董，他似乎从来没有扔过任何东西。在设计过程中，一个花园工作人员告诉我在花园不远的森林里有一个旧废物堆，那里有一堆破碎的雕塑和建筑装饰品。我们去那里的时候正值盛夏，发现它被五叶地锦密密地覆盖着。我没有挖开那些枝叶，而是等到了冬天藤蔓枯萎的时候，这样能够更容易地看到藤蔓下

杜邦从来都不会扔掉任何东西，因此我们可以利用库存中破碎的雕塑和建筑装饰品。

方的物件，我发现它实在是一个令人难以置信的工艺品宝藏。我将它们全部整理、测量和勾画出来，思考着如何把它们用在儿童花园里。尽管我拍了照片，但是再一次的勾画十分有用。花费时间仔细地去观察每一个物件，能够让这些物品无意识地渗入我的创作中，和我们为花园提出的其他设计想法融为一体。所有的草图和照片都成为宝藏的目录，供我们在设计魔法森林时使用。

仙女和林地精灵的主题非常吸引人，能够很好地与布兰迪万河山谷的历史相吻合，尤其是布兰迪万河学院有着讲授儿童文学的传统，故事里充满着幻想与想象。但是我不能够确定，童话主题是否能与现存的建筑和花园融为一体，而且我也担心创造一个既表达温特图尔精神，又能吸引小孩子的设计也许是十分困难的。温特图尔展现的是一个田园乡村景观，一个精美的花园，一个与众不同的美国古董收藏地。成年人会很喜欢它，但是许多小孩子会认为它很枯燥。

橡树山上曾经有一个秋千，它可以追溯到杜邦的孩子们小的时候，他们在花园里打秋千。受这段历史启发，布莱恩·菲尔（Brian Phiel）为这个项目编写了一个童话故事，并最终成为管理魔法森林的园丁。我记得他在员工会议上，用着孩子般的热情，向我们所有人讲述他的故事。并且，这也不是在设计的过程中最后一次成年人表现得像一个小孩子一样。我们每一个人都有可能在某时展现出八岁孩童的模样，并且，一些人看起来并不会停止。这也是我们所有人在创造魔法森林时所经历的神奇过程。

布莱恩的故事讲述了精灵们与杜邦的孩子在温特图尔一起玩耍，在橡树山的大树下快乐而满足的嬉戏。但是孩子们长大了，搬离了这里，庄园就变成了古董博物馆和植物园。大多数孩子不在意装饰性的艺术，当然他们也不会对高水准专业的园林设计感兴趣。所以，当孩子们停止在温特图尔花园玩耍时，精灵们十分悲伤和孤独。有一天，精灵们发现一堆老旧破碎的雕塑和建筑装饰品，他们便有了一个绝妙的想法。他们向这些碎片施以魔法，让它们飘浮在空中，飞过庄园，到达橡树山，在那里他们打算用碎片编织一个魔幻花园，吸引孩子们重新回到温特图尔。

我们最终在精灵们和温特图尔花园之间建立了联系，真正地把孩子们重新带回了温图尔特。

发现童话世界

布莱恩在构思我们的神话故事的时候，刚好维多利亚时代童话作品在纽约弗里克美术馆展出。因为幻想插画一直是布兰迪万河山谷文化的一部分，并且精灵还是我们的主题，所以我去美术馆寻求灵感。我看到了大量的幻想插画，表达着仙女、精灵和小矮人的生活。还有小幅的画，和明信片差不多大，但是却十分的精美细致，它们看起来像是用只有四或五根毛的笔画出来的。大多数的画表现着精灵们跳舞和唱歌的情景，但并不是所有的精灵都那么友善。一些精灵们也做着卑鄙讨厌的事情，例如用狼牙棒捕获老鼠。

美术馆的入口处有一篮子的放大镜，又大又圆的那些就像神探夏洛克使用的一样，好笑的是，这些严肃的艺术爱好者，拱起后背靠在墙上，仔细审视着这些微型画，好像辩论专家寻找指纹一样。有几幅画描述了仙境，所以我意识到魔法森林也需要建造一个。其中一幅画深深地吸引了我，画中的精灵国王和王后坐在一只蜂鸟巢穴里。甚至画框都是用镀金的细棍编织而成。我一看到它，就知道我们一定要在魔法森林中建造一个精灵的巢穴，尽管我们不能将孩子缩小到蜂鸟一般大，但是我们可以建造一个足够大的巢，让孩子进去玩扮演类的游戏。

那时，我不知道在杜邦的童年里有蜂鸟巢穴的内容，是他早期热爱温特图尔的一部分。但是，在丹尼斯・马格纳尼的书《温特图尔花园》中：亨利・弗朗西斯・杜邦与这片土地的传奇故事，我读到：

> 当杜邦八十二岁的时候，一名记者问他热爱温特图尔的原因。他的回答是一个可以唤起回忆的画面，画面来自于童年的田园生活：我们的屋子前有一棵巨大的橡树。它已经不在那里了。我记得那时我在树枝上发现了一个蜂鸟巢穴。它离地面很近，大大的树枝，小小的巢穴。

魔法森林位于一片巨大的橡树林中，它是为孩子们打造的花园，我们能很确定的说，杜邦在孩提时，被大橡树上的小蜂鸟巢穴深深地影响着。这仅仅是众多神奇的意外事件的开始。

我知道我需要立刻画出许多不同内容的草图和设计，让所有的想法融合在一起而不进行任何草率的修改。现在，我沉迷于精灵的世界，在温特图尔幻想的童话中游猎。我漫步在花园中，假装在紫珠和蜡瓣花下找到它们，想象力赋予我什么，我就画什么。我对花园的大门、座椅和建筑细部进行了研究，将它们与我草图本上呈现的设计构思融为一体。

我研究了魔法符号的历史，在其中寻找想法和画面，试图用在魔法森林中。我阅读了经典的童话故事，期间一直写写画画，这样故事就能进入我的潜意识。非常强烈的情感迸发出来，有轻松、活泼，但是也有阴暗的情绪。我感受到了搞怪和快乐，但同时我也发现了魔法和神话阴暗的一面。古老的童话故事充满了恐怖和怪异图案。格林兄弟，很残忍。我想把这个黑暗面作为一个小主题，同小鸟和蝴蝶一样，我也为蟾蜍和蛇设计了空间。在鲜亮的颜色和争妍斗艳的花朵之下，将会有一个漆黑的空间，那里真菌从腐烂的树桩里长出。尽管魔法森林是一个充满嬉戏与欢乐，闪闪发光的地方，但是我们也需要放入一些恐怖的元素作为平衡，我们当然不想冒险让精灵们为我们做这些。

作为一位设计师，我快乐的源泉就是设计一个地方与自然的欢乐产生共鸣。创造力的推进能源就是快乐的力量。没有什么能比鲜花怒放更值得让人开心，没有什么能比种子发芽更让人充满希望。落红不是无情物，化作春泥更护花。新事物都是从旧事物中孕育出来的。腐烂是重生的重要元素。任何一个对树木稍有研究的人都知道这个生命的循

我沉浸于寻找温特图尔的精灵，想象他们在花群中，穿着T恤衫和宽大的牛仔裤，踩着叶子做成的滑板，骤然升至天空。

我沉浸于寻找温特图尔的精灵，幻想在花群中发现他们。那些极限精灵们穿着T恤衫和宽大的牛仔裤，踩着叶子做成的滑板，骤然升至天空。

环。罗伯特·弗罗斯特就知道，我一直都喜欢他的诗“硬木树林”，在那里他描述了生命的循环，原始森林中的腐烂。当叶子从树上凋落下来的时候，他说：“它们必须要经历腐蚀，在那里，它们渗透进花朵，哺育新的生命。”

于我而言，绘画是沉浸在一个特定主题或某种情绪的方式，在魔法森林的设计过程中也不例外。我画了一整套关于精灵和它们世界的东西。并且，我画得越多，就越能感受到魔法与森林的关联，越能体会到林地精灵世界的不可思议。研究童话文学的历史是一个有益的出发点，但是我也想让这种文化与时俱进，与今天的孩子更加息息相关。有一天，“极限精灵”展现在我的画板上。他们踏着叶子制成的滑板翱翔于天际，在温特图尔庄园的田间和林地间穿梭。

与梦幻一起玩耍

最后，魔法森林完全充斥了我的头脑，我无时无刻不在想它。甚至在我不注意的时候，设计自己占据了我的头脑。一些最棒的想法甚至是在我睡觉的时候闪现的。早上，我会立即赶到工作室，画出整晚都出现在我头脑中的那些精灵们。

在我为魔法森林做设计的期间，我也在宾夕法尼亚美术学院学习了版画。用单色版画这个媒介创作幻想画于我而言是新的事物。绘画方法是用水墨在简单的树脂玻璃上绘制图案，盖上一张纸，然后将它们一起放进印刷机。这个方法每次只能印出一个画面，接着你可以在塑料盘子上画出更多，然后再一次和一张新纸一起放入印刷机。意外和偶然是整个进程中重要的一部分，所以不像铜版画或者石版画那样，它没有完美可言。

作为一个拼贴迷，总是喜欢将拼贴作为自发性的媒介，我用切纸生成形状，把它们拼贴到树脂玻璃盘子上作画，变换形状并找到空白之处，然后用其他颜色填补这块空白。在纸还湿润的时候用纹理纸吸干，来创造图案。廉价的纸巾也能做出有趣的图案。我买了一些小的金属工艺模具，有星星、月亮、胡萝卜、树、蜂巢、小房子、栅栏。这些也都被拼贴到了盘子上。我按照随机的顺序全部打印出来，随意涂刷颜色，影印盘子，然后重新拼贴。做了大量的影印后，我把它们都摆放在桌子上，重新组合，直到它们可以讲出一个故事来。最终出现的是“胡萝卜月亮”，一个诗一般的故事，关于发生在夜空中的神秘探险。

胡萝卜月亮。
在模糊夜色下，在花园之外，
我窥探到醒着的月亮。

她叫它胡萝卜月亮/月亮的根在生长。

她脱开我的手/飞回天空/飞到最古老的森林上空。

祖母的茶壶，倒映出剪影，
在窗台上保持着神秘。
她叫它胡萝卜月亮，
月亮的尾巴在延长。
“蜂巢在晚上嗡嗡作响，”她告诉我。
“胡萝卜月亮会掉下来。”
深暗的夜风
摇晃着房屋和树木。
“到森林里去，”祖母说。
“你必须抓住她，把她带回到天空。”
一颗巨大的星星坠落了，
然后胡萝卜月亮掉下来了。
我用手抓住了她。
轻轻地抱了她一会。
她脱开我的手，
飞回天空，
飞到最古老的森林上空。
在黎明前，在温暖的光芒下，
她又睡着了。
胡萝卜月亮。

在我自己家的花园里，我经常进行幻想的游戏。晚秋时节，南瓜女孩出现了，用魔法操控周围的事物，开始她们的冒险之旅。在买版画课的小模板时，我在工艺品店发现了她们。她们是四个小小的半身娃娃，只有手臂和头，镶嵌在木制沟槽里。我把小块的紫色丝带系在她们的腰间，然后插在南瓜上，

一天，从工艺品商店发现南瓜女孩，我把她们嵌入到一个南瓜里，并把她们放置在屋子旁边的多年生花境里面。

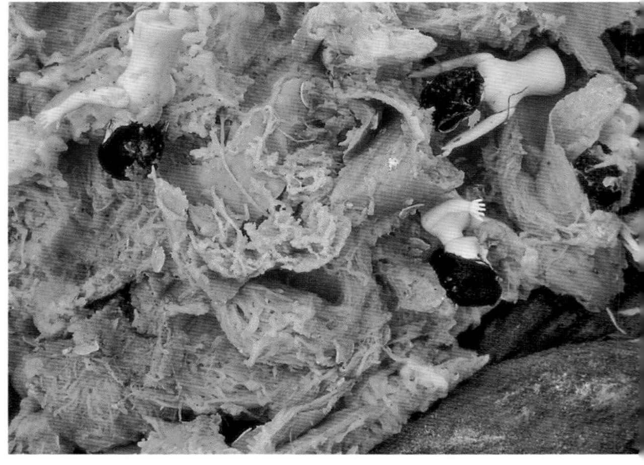

在一次霜冻和浣熊的拜访之后，我发现她们变得凌乱了。

面对面地围成一个圈。我把南瓜放在了屋子旁边的多年生花境里面。

一天，一场寒冷的霜冻将她们的南瓜变成了浆糊，接着又在夜晚被野兽袭击。早上，我发现南瓜女孩（和捣碎的南瓜肉）散落在花园各处。这是一场屠杀。但是南瓜女孩要比南瓜坚强，她们在袭击中幸存。我把她们挖出来在花园里进行泡泡浴，用厨房中的泡沫水放在搅拌碗里给她们洗澡。接着她们准备好了下一段冒险旅程。

我的朋友对我的南瓜女孩相当宽容，直到泡沫浴事件发生。在那之前他们认为，我的工作是设计精灵花园。我是在做一些研究，所以不那么在意我的行为。但是，泡沫浴的事似乎将他们逼到忧虑的边缘，他们开始担心我的理智。我不在乎。魔法森林已经把我带入到另一个世界。我打算待在那里，直到花园建成。

洗过泡泡浴之后，她们已经准备好了下一次的冒险。

做出选择

魔法森林的总体规划逐步成行，其生成过程与“胡萝卜月亮”的产生过程极其类似。没有被实际操作或者如何真实地建造事物而牵绊。我们尽可能地停留在幻想的世界，异

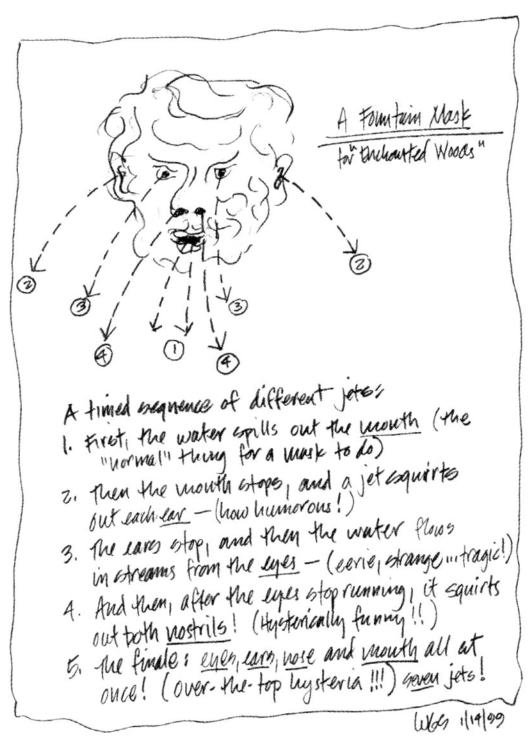

如果你提出的想法比实际采用的少，那就是你工作得不够努力。喷泉面具的设计是按照时间依次从每一个孔中喷出水来，但是这个想法最终被搁置。

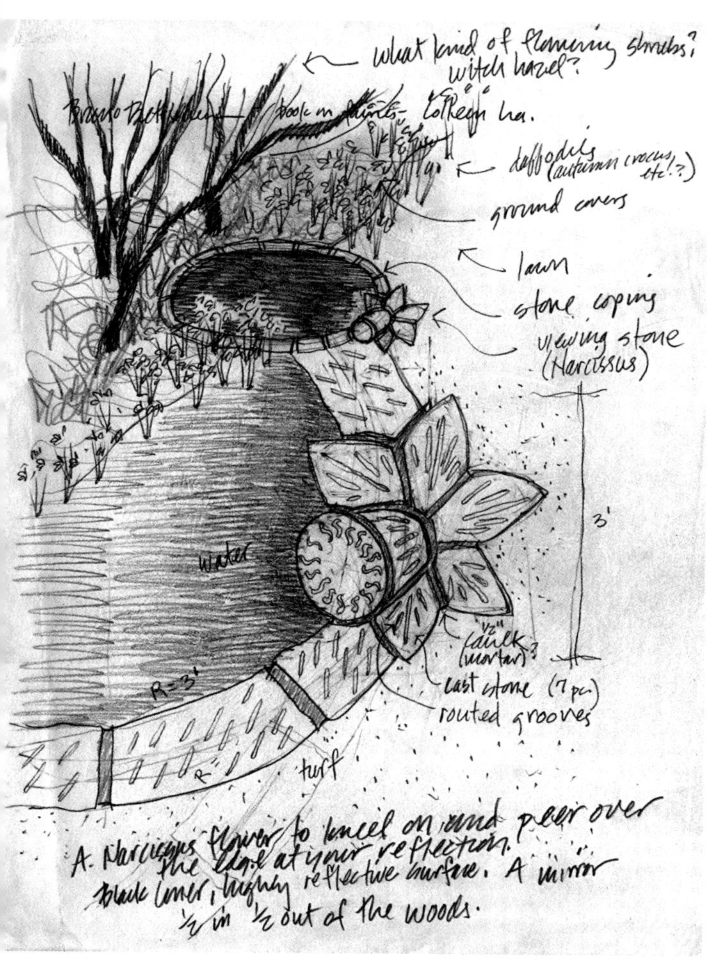

在水仙池的想法中，包括了一块水仙花形状的石头，你可以在那里跪下，凝视水中自己的倒影。但是这个构思只能等到其他的花园才能实现了。

想天开，让想象的源泉肆意迸发。但最终还是需要停止无谓的幻想，选择哪些想法可以用于最终的设计中。我与温特图尔的工作人员一起做出了一些决定。

一些我最喜欢的设计想法被否决了。但我不是很介意，这就是设计过程的一部分。我意识到如果你提出的想法比实际采用的少，那就是你工作得不够努力。不过，有几个想法我很难放手。像是喷泉面具，可以按照时间依次从每一个孔中喷出水来。温特图尔的员工并不喜欢这个想法，所以他们没有让它进入最终设计方案。

我的水仙花池怎么可能被否决？那喀索斯（Narcissus）是来自希腊神话中的一个年轻英俊的男子，他爱上了自己在池塘里的倒影。在故事中，他最终跌入池塘，溺水而亡。水仙花就是以他的名字命名的。在温特图尔的历史中，水仙花有着重要的地位，因为在杜邦花园最初的规划里有大片的水仙花。水仙花池被设计为一个安静的倒影池，带有石制的池岸，包括一块巨大的水仙花形态的石头，当你凝视自己水中的倒影时，你可以跪在上面。但是，就像喷泉面具一样，这个设计只能等待在其他的花园中实现了。

我们需要做出选择，确定被放入最终设计方案的内容，现在我的工作就是将所有想法汇集到一起，形成一个整体。在我脑海的某处，已经逐步形成了花园未来样貌的整体意象。随着时间的推移，它自己一点点成型，并逐渐明确，开始自己显现。在我的想象中，花园中的仙女和林地精灵开始自我组合。现在，我需要寻找一种方式让其他人也看到整个画面。

在华盛顿的美国国家美术馆的旅行为虚幻的画面提供了想法和意象，但是我不得不让自己远离虚幻的图画世界，并开始为魔法森林绘制总体规划。

最终完成的总体规划

是时候将所有想法整合起来组成一个统一的花园平面了，但是我发现很难坐下来开始绘图。我一直被其他的创意想法分心，数日过去了我还没有任何进展。时间转瞬即逝。我在日记中写道：

> 我正处于高产出模式，正好是我需要处于这种模式时候，我必须开始一些严谨的工作，绘制出魔法森林的总体规划。我全部的工作都是在与工作人员讨论平面图，思考它，在睡梦中拜访它。我对魔法森林倾注了全部的精力。现在它就是我的全部。我很快就会为花园打造出一个实际的方案。

最后，我记得曾经从艺术家那里学过一个道理：画画仅仅是纸上的线条，如果你不喜欢你画的东西，那就扔掉它然后重新画。所有你要做的就是拿出一些铅笔和描图纸，然后开始

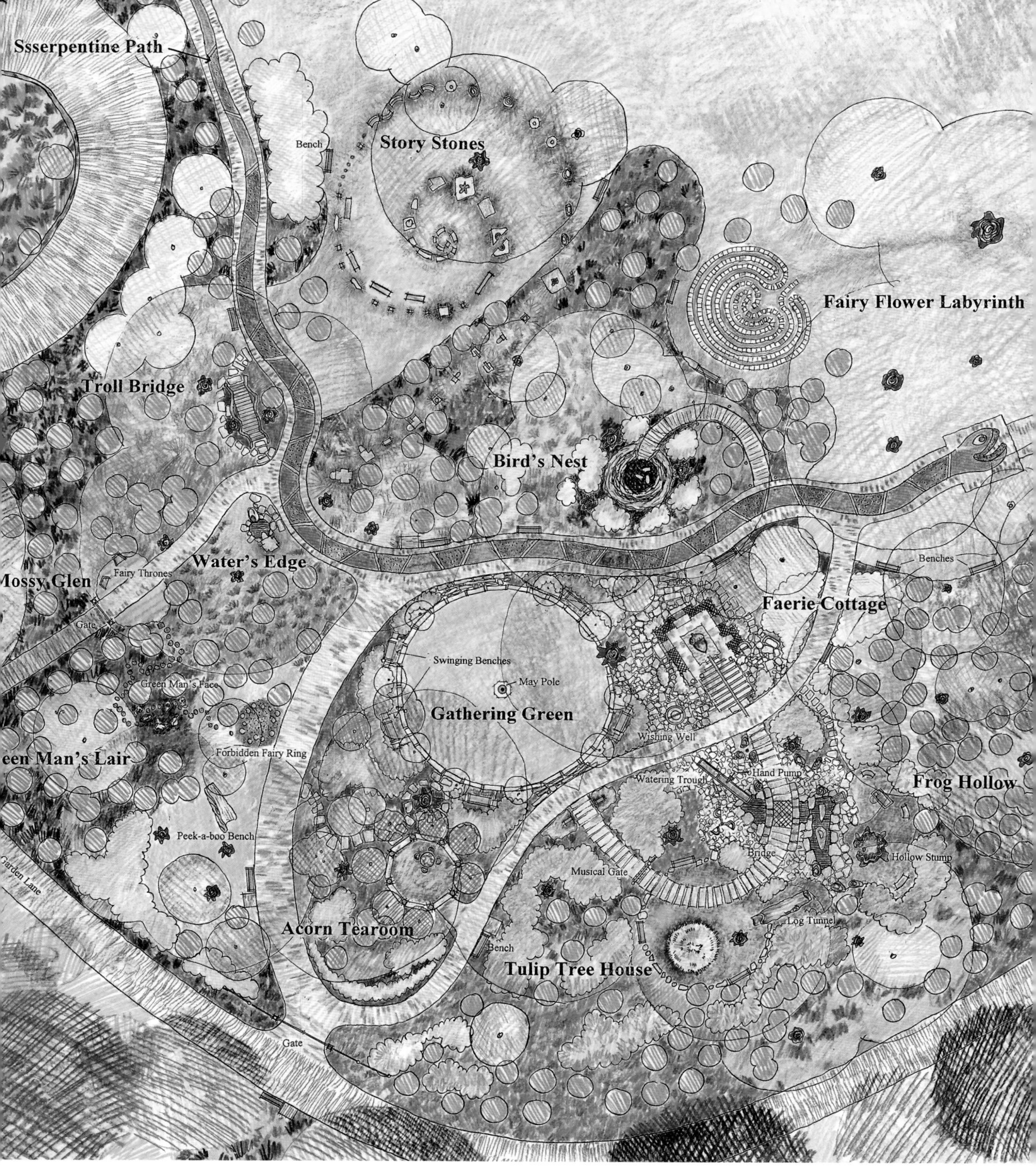
Ssserpentine Path
Bench
Story Stones
Fairy Flower Labyrinth
Troll Bridge
Bird's Nest
Water's Edge
Fairy Thrones
Mossy Glen
Gate
Benches
Faerie Cottage
Swinging Benches
May Pole
Green Man's Face
Gathering Green
Wishing Well
Forbidden Fairy Ring
een Man's Lair
Watering Trough
Hand Pump
Frog Hollow
Peek-a-boo Bench
Bridge
Hollow Stump
Garden Lane
Musical Gate
Log Tunnel
Acorn Tearoom
Bench
Tulip Tree House
Gate

绘画，一个接着另一个。绘制平面图的压力不断增加，我开始绘制初步草图。它只是辅助思考的，并不是最终方案。我实际上做的就是为我们的所有想法制定计划。从开始，我的脑海中便闪现出魔法森林的鸟瞰图。我花了一个下午加一个晚上来绘制，扔了又画。第二天，我在日记中写道：内心深处对于制定的计划十分满意。昨晚我坐下来为魔法森林绘制了一个平面。它与其说是一个花园平面，倒不如说是果实内部结构的特写。

甚至在绘制最终平面时，设计还在持续。甚至在你完成全部设计的时候，新想法也会出现。我发现，如果让绘制过程依照它自己的特性发展，这种特性就可以反映出幻想空间的重要场所精神，创造性的灵感就会持续迸发。魔法森林不仅仅是大片的绿色，还充满着色彩、小精灵和波浪曲线，所以图纸会有些混搭，充满着脉动与生命的力量，保留着快乐的活力，这些活力来自于早先所有想法的草图。随着整体规划就绪，我开始与温特图尔的工作人员会面，并做了一些调整，细化并且提升空间之间的关系。由于大部分的时间都在温特图尔花园工作，所以工作人员深刻了解如何让魔法森林与它的背景相融，如何体现场所感。

对于魔法森林的总体规划包括许多单独的终点，所有的终点都汇聚在一次花园体验中。

魔法森林的总体设计严格遵循了一个原则，就是按照杜邦的详细记载而设计，这从温特图尔花园的很多地方都能明显地看出来。首要指导原则就是空间序列，每一个目的地要与下一个紧密贯穿。这里没有主色调或是非自然材料。不会有注释或教育展板，没有方向指示，仅仅使用杜邦所使用的白色箭头来指导游客游览温特图尔庄园。他们不会用栅栏将魔法森林围起来，但是会用一种微妙的方式过渡到大花园的邻近部分，但是有时需要一个保护性围栏，作为边界将森林与行驶电车道路分隔开来。

设计由许多小的节点演变而来，每一个灵感都来源于童话文学和魔幻的世界中不同的故事。

但是，魔法森林中没有特定的童话人物。设计的重点是要启发孩子们去发现自己的故事，无论走到哪里都可以触发他们的想象，不仅仅是杰克和豆茎、灰姑娘，还有他们自己创造的故事。去释放自我的创造力，成年人称之为幻想，孩子们叫它想象，都是一样的。

鸟巢

即使总体规划完成了，还有许多设计要做。我们进入到魔法时间，每一处都要被命名，每一个想象中的细节都要被描述出来。鸟

（上图）魔法森林中有通往鸟巢的无障碍通道。兰迪用链锯把碎木雕刻成鸡蛋的造型。

（右图）鸟巢有永久性的钢柱结构，并且每隔两年，温特图尔的树艺家约翰·萨拉塔（John Salata）重新用山毛榉和葡萄藤来编织边缘。

巢不再是一个来自弗里克美术收藏中的奇思妙想，而是一处真正的节点。需要准备技术图纸和设计说明，指导承包商去建造。框架结构由不锈钢制造，它有特定的横截面、标准的尺寸和特定的颜色。混凝土结构需要用特定的形式。地板和入口坡道必须有非常具体详细的设计。

在那之前，我和布莱恩以及兰迪·费舍尔一起去实地勘察，兰迪当时是温特图尔的树艺师，正在做鸟巢的全尺寸模型。吉姆·史密斯也加入了我们的团队，他是温特图尔的终身园艺家，知道事情进行下去的方法。我们将金属加固体打入地下，形成一个圈，用树枝和藤蔓将它们缠绕起来。在实施最终方案之前，我们想要确定是否拥有完美的直径、完美的高度和墙间夹角，以及直立树桩间完美的间距。实际上，我们需要一个结构工程师，需要与不同种类的工程师进行讨论。

鸟巢有一个永久性的钢柱结构，周围是木制地板，地面有个架高的中心钢柱，比周围高出两英尺半。入口坡道很方便轮椅和婴儿车通行，周围还种满了杜鹃花。每隔两年，温特图尔的树艺师都会砍下新鲜柔软的山毛榉树枝，用钢丝将它们与葡萄和其他木本植物编织在一起。用编织篮子的专业术语形容，它有一个金属框架和山毛榉树枝做成的纬线。我不知道有任何树艺师培训课程传授编织篮筐的技艺，但是温特图尔的树艺师已经成为编制鸟巢的专家，他们太厉害了。

鸟巢是魔法森林故事中的核心之一。它是对杜邦童年偶遇大橡树上的蜂鸟巢穴的颂词，是杜邦认为他爱上温特图尔的最初原因。

鹅掌楸树屋

特拉华大学图书馆有许多记载庭院建筑历史的精美收藏，我在那里花了一些时间，学习了18世纪和19世纪的花园装饰，为魔法森林寻找灵感。我偶然看到一张亭子的照片，它被设计得像一棵空心的老树，我想，在真正的空心树外建造小房子一定很有趣。但是我们在哪里找到这棵树呢？两周后，兰迪·费舍尔问我空心的树是否有用时，我很惊讶。他将我带到庄园郊区的广袤田间，给我展示

一个非常古老的中空鹅掌楸不得不被砍掉，因此我们有机会在魔法森林中使用它。

这幅彩绘表现出了鹅掌楸树屋最后可能展现出的样子。

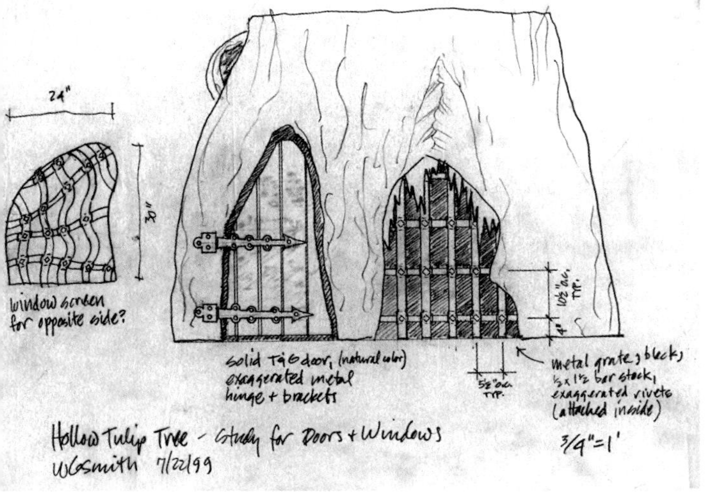

我设计了一个门和一扇窗来填补树木的空洞。

这是康普顿·利特尔（Compton Little）的小学生的绘画：在魔法森林中鹅掌楸树屋被花朵所围绕，并与花朵们共舞。

最终的建成效果与画面十分相像，我非常喜爱它。前景是一个大门，由两个石质的螺形托架组成，与那些温特图尔博物馆的窗户十分匹配。

一棵巨大而古老的鹅掌楸，多年前被闪电击中。它已经成为危险的空壳而需要被砍伐。那时我着实不敢相信我们的好运。

兰迪去除了树的顶部，小心地切断了稍低点的部位，让它落在地面上。它被起重机装进了平板车，穿过庄园运到谷仓。即使链锯上还有木头的碎屑，兰迪还是从树的内部将腐烂的木头全部清除。

与此同时，我开始勾画，试着如何把这段木头变成小精灵的房子。从根部算起，树桩有六英尺高，里边有两个拱形的孔洞，我觉得一个适合做窗户，另一个适合做门。在门洞的上方有个奇怪的眼睛般大小的孔。我设计了一个简易的木质门，以迎合它的不规则形状，并为窗户设计了简易的金属栅栏。茅草屋顶听起来会很有趣，但是我放弃了这个想法，因为当地没有会盖屋顶的人，每次屋顶需要修缮的时候需要去很远的地方请人。然而，温特图尔团队却十分喜欢茅草屋顶，最后他们找到了一个当地的盖屋匠，一个爱尔兰人，住在四十英里之外的农场里，他甚至在那里种植了用来建造爱尔兰屋顶的茅草。所以最终的鹅掌楸树屋有了茅草屋顶。

许愿要慎重

在我们确定了魔法森林的基本蓝图之后，我们组建了一个由建筑师和工程师构成的团队，帮助我们建造一切。结构工程师确保建筑的坚固，电气和管道工程师设计电和水的管线，市政工程师和测量员进行竖向和排水设计。建筑师对建筑元素提出建议，并将最终的建筑图纸和说明书整合在一起。这变成了一个复杂的工程，需要不同专业和工匠的参与，包括手艺人和石匠、木工、金属工人、家具制造商、照明专家——列表越来越长。为了让所有的顾问都了解工程，我把整个团队带到橡树山，并向他们讲解了场地。

我已经在每个节点的设计位置上做了标记，我们逐一进行确认，并讨论每一处需要什么样的技术支持。这些家伙都是严谨的工程师，所有的人都是。我解释说，这是一个花园，需要看上去像是由仙女和林地精灵设计的。“先生们，”我告诉他们，“是精灵”我试图打破僵局，但他们看起来都很紧张。当我们到达精灵指环这个地方时，我请他们举手示意是否有设计过“禁入的精灵环”，没有人动。“好吧”，我说，“我们都是一群新手。”

然后有了一点笑声，沉闷的气氛被打破了，虽然只有一点。

靠近花园场地的边缘是电瓶车导览的必经之地，我担心孩子们会穿过花园跑到路上。虽然我们不想在魔法森林设置任何栅栏，保持杜邦的设计原则，让花园的每一个部分和下一个部分之间没有阻隔，但是我们需要确保每一个孩子在花园里的安全。因为空心树的出现，我们开始怀疑可能真的是精灵帮助我们完成这个项目，所以我抬起头，对着橡树说道。

“精灵们，我们需要在这里设置一些围栏，好吗？还有，一扇22英尺宽的门。”

工程师们相互交换了担忧的眼神，气氛又变得尴尬起来。哦，我想，他们迟早会明白这里发生了什么。不到两周后，我在其中一个谷仓中乱翻，然后我看到一些旧门靠在一堵墙上。我将它们移到房间的中间，看看它们是否可以在魔法森林里使用。在这些门后面，我发现一堆仿古金属围栏——也包括一扇20世纪的门——精准的22英尺宽。然后我明白了，当你向精灵们寻求帮助的时候，总会有回应。

在魔法森林的中心，我们放置了一个古老的石头许愿井，在它的花岗岩基座上，石匠雕刻了我们的座右铭：“许愿要慎重。”

蛇形小径

进入魔法森林的主要通道是蛇形小径，地砖上平铺了一个可爱的蛇形图像。蛇可能是人类历史上最强大的神话人物之一，但是

蛇形小径的灵感来自于我童年时期幻想中的那些友善的大蛇。

它也是我童年中最喜爱的形象。当我还是一个小孩的时候，我画的蛇就是友好善良的，那时我非常自豪地拥有了一个虚拟的农场，那里有各种各样的动物，都住在马戏团的大篷车里面。其中有一些普通的农场动物如牛、鸡和猪，但也有狮子、熊、长颈鹿和色彩斑斓的大蟒蛇。我和我的家人玩了一个游戏，我会一个接一个背诵所有不同动物的名称，最后，我会说“蛇！”每个人都会尖叫，因为它太恐怖了，但后来我会迅速补充道，“但是我的蛇是友善的。”在某种程度上，蛇形小径是我在魔法森林里的个人签名，一份我自己童年幻想世界的礼物。

绿色云集

魔法森林中间的一个圆形草坪被称为“绿色云集”，它的周围环绕着秋千椅，在中

间有五月节花柱。大量的绣球花和紧密包围的紫荆树使草坪形成了封闭的空间，这使人想起在温图尔特花园中其他地区的种植，并且使得魔法森林与周围环境紧密连接。不像其他设计元素，温特图尔的助理主任园艺师琳达·艾尔哈特（Linda Eirhart）的植物种植建议是让魔法森林与温特图尔花园其他部分融为一体。

紫藤架来自于杜邦母亲的玫瑰花园（称为下沉花园），它在1960年因为要加建博物馆而被拆除并存储起来。藤架的古典混凝土柱子以及装饰有混凝土短柱的长椅都被我们应用在魔法森林中。而六个来自杜邦夫人紫藤架的混凝土柱被放在另一个位置，其他的被用在“绿色云集”这个地方，作为支撑秋千椅的构件。我曾经在一张照片上见过一个景象，在玛莎葡萄园岛的波利山花园（现在的波利山植物园），一张秋千椅在两个大理石柱

“绿色云集”是魔法森林的中心亮点。它被大量的杂交绣球花“珍贵”（*Preziosa*）和乡土紫荆树所包围，它也使得周围的温特图尔花园具有很强的园艺性。

间晃动，我一直想把这个装置放进花园中。现在，“绿色云集”已经被五个这样的秋千椅包围了。

每年在接近父亲节的时候会举办“温特图尔迷人夏日”的活动，附近学校的孩子都会在“绿色云集”这个地方跳五月柱舞，我原来希望它是在夏至那天。五月节花柱的顶部有一个旋转的尖形装饰，上面为五月柱舞附着了丝带。这是一个华丽的小物件，在设计草图时将它称之为“植物吊环”。历史上的五月节花柱象征着自然界的雄性生殖力，从顶尖的中心分离出的丝带为花园带来革新的能量。

乔·斯沃特（Joe Swarter）是一个金属工人，为魔法森林制作了大量的细部构件，他为五月节花柱制造了“植物吊环”。在威尔明顿，金属工人要花费大量的时间修理防火梯

当温特图尔的下沉花园在20世纪60年代被拆除之后，紫藤架的柱子被放进了仓库，它们一直存放在那里，直到我们在魔法森林中重新用到它们。现在它们被用来支撑围绕“绿色云集”的摇摆长椅。

或在窗户外装配安全格栅，没有什么机会接触精美的工艺和细节。一天我在乔的商店碰见他，他跑过去和我商讨最后几个细节，并热切地想要开始制作。“哦，孩子，”他说，“我很期待做这个。它就像一个玩具!”

精灵小屋

精灵小屋在魔法森林的中心，毗邻“绿色云集”这一景点。特拉华大学罕见的藏书再次为我提供灵感，我开始为魔法森林设计小屋“费利”。我们使它看起来像是精灵们为孩子们修缮好的小房子，这是一个绝佳的机会，可以整合许多堆在林中的破旧的花园装饰品，并与杜邦夫人紫藤架中的装饰长椅搭配起来。其中一个长椅的腿坏了，所以我让石匠将长椅的末端嵌入墙体。当然，现在我们有自己的盖屋匠，所以知道屋顶用什么材料。

和石匠一起工作非常有趣。工头是意大利人，而他的儿子则是学徒。意大利石匠在布兰万迪河山谷和温特图尔工作了很久。他

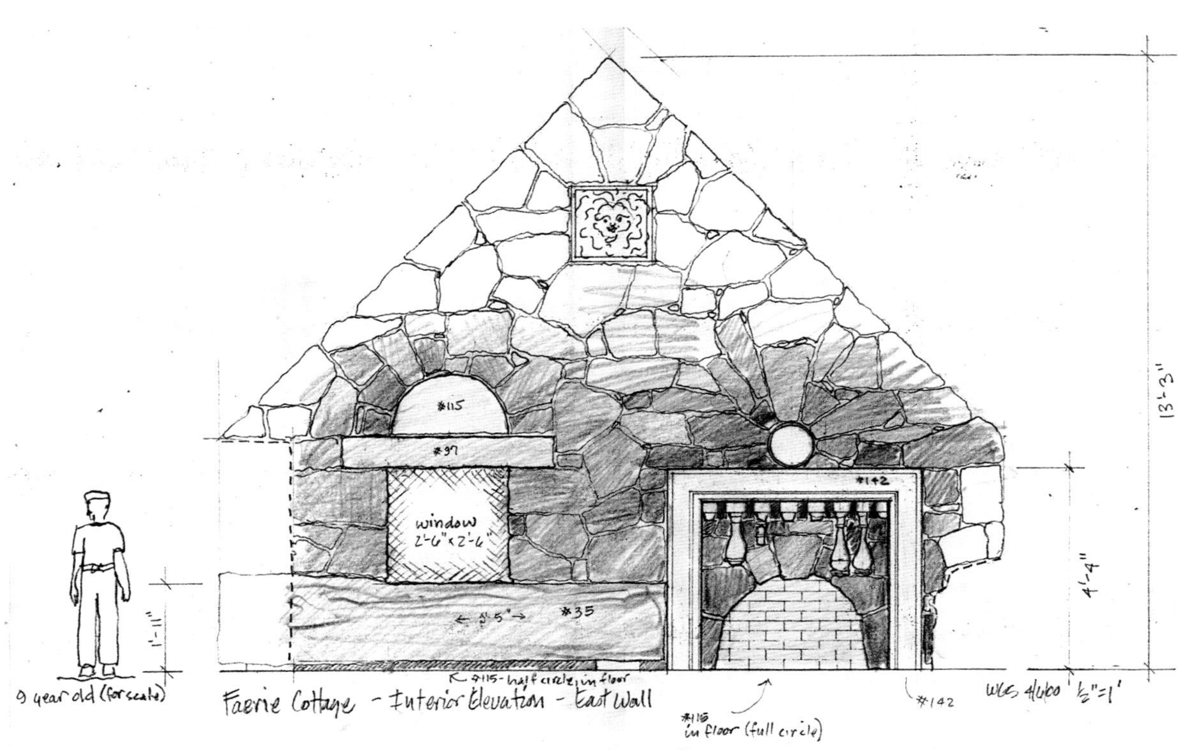

库存中只有几件装饰器物被用在精灵小屋，就像内墙的设计研究中展示的那样。

们引以为豪的是高质量的工作，将石头精准对齐的高超技能。但是对于精灵小屋，我希望他们可以让石头疯狂起来，以奇怪的角度醒目地摆在那里，就像不熟练的精灵所为。工头很难强迫自己遵循童话世界的审美，但是他的儿子渴望打破常规。连续几个早晨，我走进来的时候都发现砖石整洁而干净。我把石匠叫回来重新任意地摆放这些石头，让它们看起来不那么规整。接着有一天我走进来的时候，发现学徒正在操纵。工头把我拉到一边，骄傲地指着他的儿子。

“我儿子现在负责这项工作。”他说。

我走过去跟他说话。“嗨，”我说，“我听说你现在成了头儿。”

“是的，”他说，“我会用我的创造力做这项工作。通常我只是一个个的将石头堆砌起来，并且它们都是一样的。在这里，我可以选择任何一个石头，或大或小，一个颜色淡，一个颜色深，选择任何我想要的。”

这正是我们在魔法森林中所需要的精神。儿子负责创意，父亲确认每一块石头是否安全，工作衔接十分合理。我十分关心破旧的装饰物要怎样设置在壁炉周边，我画了非常详细的安置方法。儿子让我在地面上摆出我想要挂在墙上的样子，然后他将石头捡起，把它们放在合适的位置。我感觉自己好像进入了石艺的天堂。

完工的石砌作品非常令人振奋。温特图尔的工作人员告诉我，一个经常来魔法森林的小男孩，每次都会去精灵小屋，试着推动

我在草坪上拼接石块，展示它们出现在壁炉周围的样子。

每一块石头，他确信其中的一块将是通往秘密通道的钥匙。在我设计精灵小屋时，我从未有过这样的想法，这是一个令人高兴的例子，魔法森林提倡充满想象力的游戏。

做完石雕之后，石匠就开始为精灵小屋铺地面了。我设计了一个壁炉前的“炉边地毯”，用各种颜色的混凝土石块铺砌成一个巨大的橡树果。这个工作与石雕不同，需要新的工匠加入到浇铸工作中。不像精灵小屋的墙壁，炉边地毯需要精心创造，才能与设计的橡树果完全相同。事实证明，原来的混凝土铺路工匠很适合这份工作。他把一系列红色、棕色和茶色铺路材料带到现场，让我直接确定每一块的位置。这让我很惊讶。

“这是你的主意?”我问。“你真的要我确定每一块的位置吗?”

“这是完成工作的正确方式”，他说。“你可以带来啤酒或者任何你需要的东西，我们一起完成。”

这是在魔法森林里的另一个巅峰时刻。我的日记中记录了关于铺设炉边地毯的一段话：

> 昨天，在精灵小屋，我碰见了铺路工匠沉浸在魔法森林的神奇瞬间。他花了大约五个小时，蹲在5×8英尺的长方形地面上，拼贴了约百分之八十的马赛克。突然，一个巨大的橡树果成形了，从地板上渐渐浮现出来，他屈膝坐在脚跟上，笑了。

石匠们是真正的合作者，他们按照我的要求放置了各种各样的元素，并且是在合适的位置上，使得结构十分合理。图片由珍妮特·林德维格（Jeannette Lindvig）提供。

在精灵小屋，温特图尔的建筑工艺品被嵌入到魔幻风格的石头建筑之中，这些石头因夸张的角度而异常醒目。

一大群的杜鹃花（山杜鹃，*Rhododendron kaempferi*）使精灵小屋和温特图尔的其他地方有了视觉的联系。图片由珍妮特·林德维格提供。

他挥舞着双臂，说：“我懂了。就像这所房子住的是很重要的人，像是国王，这棵橡树果是他的象征，出现在旗帜和横幅上，他带着它们进入战斗。”

“你说对了，”我赞同道，“完全正确。”

他表达出了正确的肢体语言——打开臂膀，胸膛高傲，心房被完全打开。身体知道如何在合适的时间与正确的地点表达豪爽的感觉。这感觉真是太棒了，创造力从你身体中释放，并受到世界的欢迎。

精灵小屋的地板上有一个铸模混凝土铺就的“炉边地毯”，主题是曾经出现在设计研究中的橡树果。

仙女花迷宫

仙女花迷宫是用预制的12英寸大小的混凝土踏脚石制成的。这22块石头是特别定制的，表面有仙女花的图案。有史以来，童话故事中的花和植物都是重要的符号。例如，点头的蓝铃花象征着谦逊和感恩。花楸的五瓣花（在美国被称为花楸）形成一个五角星形，是防御黑魔法的象征。橡树象征力量和坚固，铃兰代表美好和光明。苹果在童话故事中尤为重要，往往拥有魔法。故事提醒那些在苹果树下徘徊的人，他们有可能会被带到仙境。

仙女花迷宫的其他石块上刻有改编自流行的纳瓦霍冥想的文字：

与美同行
美在我面前
美在我身后
美在我之上
融入美
保佑我一直前行

迷宫中有一个经典的七回路设计，一个蜿蜒的单行道从边缘到中心反复来回。这个古老的图画形式在世界各地的许多地方都出现过，包括英国、埃及、印度、阿富汗和美国西南部。它被嵌入在地面上，蚀刻到洞穴的墙壁上，刻印在硬币上。

魔法森林的迷宫中总共包括750个垫脚石，仙女花石分布其间，所以当你走在这条小径时，每隔十三块石头就会有一颗仙女花石。十三往往被认为是不吉利的数字，但是在其他的习俗中恰恰相反。它会在许多典礼和魔法活动中出现，并且孩子在十三岁的时候会变成青少年。在魔法森林中，我发现一些人沉思冥想着走在迷宫中，有些人则尽情肆意地跑过去。

仙女花迷宫是专门为了冥想散步或者与精灵跳舞而设计的地方。

会讲故事的石头

在1967年，杜邦从长岛庄园收购了大量历史悠久的石刻文物，称为兴趣石头（Hobby Stones）。在他1968年的花园报告中，温特图尔花园的主任戈登・蒂勒尔（Gordon Tyrrell）写道：

> “感谢来自于纽约汉普顿海湾布朗太太的仁慈，我们接收了这25块石头。这些石头各有所用，比如滑冰石、磨坊石、水池石、井头石和磨石。所有这些都是她丈夫的收集品，保存在汉普顿海湾的花园里。为了这些石头，花费了很长一段时间讨论协商，终于在12月交给了我们。这期间做了大量的工作，包括去长岛挖掘、装载以及将这些石头运回花园。”

当我们开始设计魔法森林时，这些石头被储存在庄园的院落中，以供我们使用。我们几乎知道每一块石头的来历，并且知道它们原始的用处，所以每一块石头都有一个独

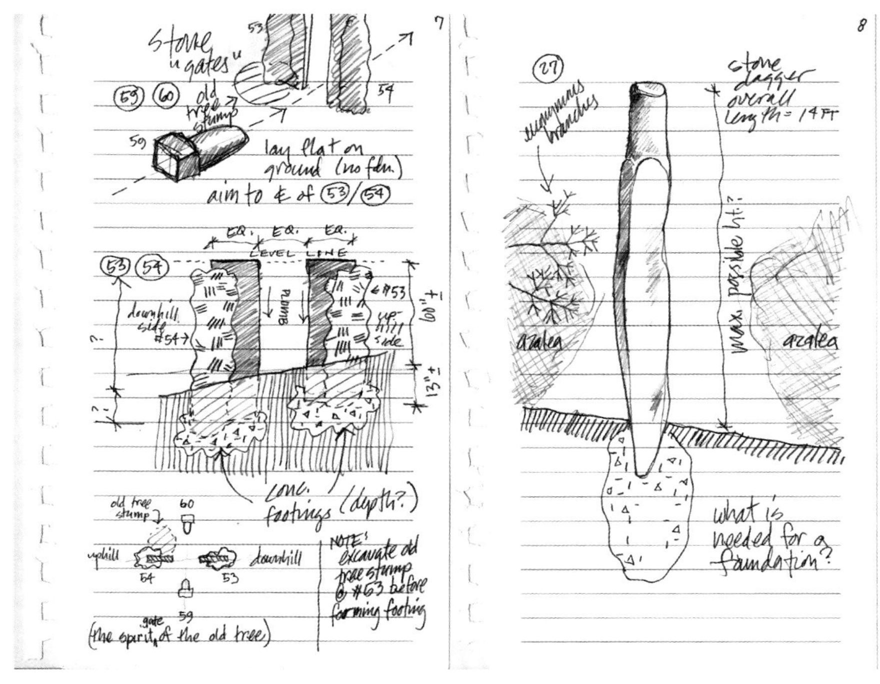

我测量并按照比例绘制了每一个有故事的石头，然后逐一进行速写，表现它如何融入整体的设计。

特的故事。我的合作者安妮·霍金斯（Annie Hawkins）教会了我风景叙事的价值所在，所以在魔法森林中设置一个叙事空间非常有意义。我们将这些石头排成螺旋形，并且在上面雕刻了一些短文，我最喜欢的一段短文来自莎士比亚的作品："树木会说话，溪流自成书，石头会布道，凡事皆美好。"这段来自流行的童谣，同样也是刘易斯·卡罗尔一首诗的标题，"人生不过是一场梦"（Life is but a dream）。每一词都蚀刻在破碎且弯曲的石灰岩上，这些石灰岩曾经可以围成一个圆圈。我们希望它们可以被放在螺旋的中心，让世界"梦想"的字样处于最中心的地方。但是，因为石头弯曲的特定方式，文字偶然间被刻颠倒了，最终的引用语变为："梦想就是生活"（Dream a but is life），虽然英文语法不符合常理，句子没有深刻含义，但是我莫名地觉得它表达得更好。

我总是试图在设计中诠释不同层面的意义，会讲故事的石头是一个很好的设计案例，阐释不同层面的功能：一批历史文物的收藏地、一个讲故事的舞台、一件雕塑装置、一份古典文学的参考，以及一个可以到处跑和简单玩耍的地方。

在暖春时节或者冷寂明媚的冬季下午，会讲故事的石头与人的互动变得十分鲜活。

禁入的精灵环

蘑菇圈会自然的生长，当菌丝（类似根一样的结构）在中心点出现，周围会快速长出一圈蘑菇。在古老的故事中，它们被叫作精灵环，然而它们并不是让人愉快的地方。当你进入一个圈，就会被带入到另一个圈。在一些传说中，它们是小精灵们载歌载舞的地方，当你进入到这个圈，你也会开始跳舞。这是一个十分欢乐的舞蹈，到最后会发现自己停不下来。接着，精灵们会一边笑一边唱，并且围绕着你舞蹈，你会一直跳下去直到死。因为我打算就是要添加一些精灵世界的阴暗面，所以在魔法森林中加入精灵环会很有趣。

温特图尔的工作人员和我一起游览了其他的儿童花园，鲜艳的原色、高科技动画和机动特性令我们望而却步。我们发誓一定要避免这样的东西，因为它们让场地更像游乐场而非花园。但是，我们爱上了其中一个花园的水雾制造器，可以稍稍打破常规，在魔法森林中使用一下。我们决定在水雾围绕之下种一个蘑菇圈。这样，“禁入的精灵环”成为我们最有技术含量、最复杂的节点之一，它需要我们团队中工程师和承包商等全方位

人才的配合。

兰迪完成了鹅掌楸树屋内部的雕刻，接着用他的链锯加工了许多蘑菇。他做了十三个，每一个都是适合坐着的高度，我们将它们摆放成一个大大的圆形。在每一个的根部我们都安装了一个微型雾化喷射头。当你踏进圆圈的时候，一个隐藏的运动传感器使机器运行，你就会被一团水雾围绕。我曾经看见一个两岁的儿童完全在水雾中消失。在“禁入的精灵环”旁边，有一个为数不多的被魔法森林允许使用的标识牌。它警告称：“永远不要踏入精灵环”，但是孩子们总是踏进去。事实上，他们总是这么做，使得附近的杜鹃花被过度灌溉，所以必须安装一个计时器防止水雾持续不断的喷射。

2001年，在花园向公众开放后不久，我在日记中简短地写道：

“我与五六个孩子在蘑菇圈中，一群不同年龄的孩子，我们真的遇到了可怕的水雾。最小的孩子离地面最近，完全消失在水雾中，他们

孩子们似乎在“禁入的精灵环”中永远不会玩够。因此，不得不安装计时器来间断性的关闭水雾，避免周围的杜鹃花被过度灌溉。

> 完全无影无踪。父母们将照片按顺序排放：第一张是孩子站在精灵环的快照；第二张孩子笼罩在水雾下；第三张空圈——噗！孩子被带走与精灵住在一起！我喜爱“禁入的精灵环”募资说明书上的一句话，“孩子会被温暖的水雾所吞没。”实际上这是一个冰冷的雾。你站在那太久，会冷到骨头里。这令人毛骨悚然，但孩子们喜欢它。”

“禁入的精灵环”是魔法森林里最受欢迎的节点，它提醒着我们，蘑菇在当地历史上确实有很重要的地位。20世纪初，意大利移民带来了他们娴熟的石砌技术，建造了杜邦家族庄园，并且他们也十分擅长园艺种植，包括种植蘑菇。当切花行业开始发展的时候，当地的蘑菇产业也初现端倪，工人们在雇主温室里的苗床上开始种植。到了20世纪30年代，他们已经开始建立自己的农场，致力于蘑菇生产。离温特图尔不远，位于宾夕法尼亚州的肯尼特广场很快被称为世界蘑菇之都。

倒立的树

我在设计魔法森林之初的想法是种植一棵倒立的树。我想我们可能需要一棵巨大的老树，切掉顶部的十英尺，或者从第一个分支点之上十英尺左右的地方切开，再切断根部，把它放在地上，使它上下颠倒，你可以从它的分支下穿过。我做了一个示意图，在我为魔法森林所做的草图集的第二页上（同一页的草图上还有一个精灵环，它是另一个对花园的初步想法）。我也不知道这个想法从何而来，但它几乎立即在我脑海中成形。尽管在温特图尔庄园有成千上万棵树木，但是砍掉一棵健康的树，倒立放置以供取乐显然是很无礼的。担心有人会喜欢这个想法而进行尝试，我决定不把倒立的树的草图给任何人看，以保持神秘。

那是1998年的想法。在2005年末，温特图尔的树艺家约翰·萨拉塔来找到我，说在森林附近的一个农场，有一株成熟的橡木因为病变需要被砍伐。他想着我们应该去看一看，或许它可以被放到魔法森林中。魔法森林这时候已经对外开放五年了，花园馆长琳达·艾尔哈特（Linda Eirhart）同意了这个主意，也许是时候推出新的花园特色了。所以约翰和我决定开车去看一看。

我不敢相信看的树，它像极了我八年前所做的倒立树的草图——如此相似的树，主干上有四个大分支。其中的一个分支上甚至有一个小洞，正是我想象的一个小小的精灵门。我碰巧带着我的笔记本电脑，所以我把它打开找到草图给约翰看时，他完全惊讶坏了。我将草图给其他员工看过后，每个人都同意这个设计，这不仅是一个好主意，而且是命中注定。毫无疑问，我们一定会这样做。

我在完善整个设计时，整个魔法森林的团队也加入了进来。在2008年初，我们都聚集在树林里观看约翰放倒这棵树。他割断树干的底部，用起重机把树吊了起来，然后放到平板卡车上，把它带到谷仓。我看到起重机把树从卡车上吊起来，越过院墙，放到我们即将开始加工它的院子里，我不禁想到布莱恩为魔法森林缔造的神话，仙女将所有东西都升到空中，穿过庄园，带到了花园。我测量了树洞的大小，以便开始门的设计。我们还在另一个分支上发现第二个洞，这样可以在这安装一个小窗口。

随着设计的发展，设计团队也不断地成长。除了花园员工之外，我们有结构工程师、木匠、铁匠、石匠和电工。倒立树几乎

在魔法森林的早期草图中，包括了一个精灵环和一棵倒立的树。我从来都没把这份速写给任何人看，因为我对于砍下一棵树并将其颠倒有着其他的想法。

当约翰·萨拉塔带我去看他正在砍的橡树，我不敢相信它竟然与我速写本中倒立的树如此相像。

需要管道工之外的所有工种。几年前掏空了鹅掌楸树屋，并雕刻了“禁入的精灵环”的温特图尔树艺家，兰迪·费舍尔被邀请清理树干里所有腐烂的木头，去掉树皮，给木材喷上天然防腐剂。我们称他为树艺家中的艺术家。

我想把门打开，从而可以进入一个小房间，孩子们可以在这里放置一块小石头或其他东西，但由于结构原因，需要在洞内放置一个金属柱，所以我们不能有小房间。我们把整个团队集合在一起商量应该怎么实施这个想法。有人想出了一个点子，将镜子放在门后面，这样当你打开它，你会看到内部场景和自己的倒影。这是一个完美的主意。对于另一个洞，我建议在里面放置一个小型的餐桌和餐椅，透过窗口可以看到一个茶杯放在桌上，把椅子推到桌子旁边，就像精灵发现有人在看它，就快速消失了一样。

2009年的春天，兰迪完成了对树干的处理，它被搬进魔法树林。我很高兴地看到，

约翰在分叉处之下切断树干，用起重机把它吊起来，然后放到卡车上。

一旦兰迪·费舍尔挖空所有腐烂的树，这个洞就会比我预期的还要大，所以我们让温特图尔的瓦匠用微型石雕工艺来填补此处的空间。

树的尺度与周围环境完全融合。中间准备用来做门的空洞比我预想的要大得多，所以我们的石匠建造了一堵精灵尺寸的石墙，围在木制精灵门周围。在布兰迪万河山谷有一个当地的传统，在树洞中放满石雕，看起来是很适宜的。瓦匠们都开心极了，因为他们做了一个微缩版的与众不同的石雕，它需要逛遍整个温特图尔庄园，才能被发现。至于窗口，我们用长条形的木制护墙板盖住树洞，窗框被漆成杜邦最喜欢的颜色组合，蜡瓣花黄和韩国杜鹃紫。

在2009年的父亲节，倒立的树首次公开展出，在迷人的夏日里，得到一致好评。

老少皆宜的花园

与许多不同的工匠在魔法森林里工作是非常有趣的。他们都知道，他们所工作的这个地方，集合了全世界范围内最伟大的美国装饰艺术作品，所以他们付出了最具创意的努力。晚上我游览这个场地时，发现承包商自豪地向他们的妻子和孩子展示工作成果。温特图尔的工作人员都是极好的合作者。他们的园艺和工艺水平，以及创造力，在整个花园都得到很明显的体现。每个人都似乎可以自如的像一个八岁的孩子一样去思考。

人们常常问我，魔法树林是主要针对什么年龄段设计的。我总是喜欢说35以上的人群。如果花园不对成人以及儿童都具有吸引力的话，我们认为家长们会感到无聊，会比孩子们更早地想要离开。一次我在这儿参观拍照，看见一位母亲坐在长椅上读一本书，她的三个小孩在旁边玩耍。我停下来打招呼，问她的孩子是不是很喜欢这里。她回答说。“这是我们本周第三次来这里。”只要孩子们想玩，她似乎很愿意坐下来读书。我认为这是一个成功的迹象。

花园可以唤起早期的记忆。在最近一次访问芝加哥时，和几个朋友出去吃饭。我听到隔壁桌的人谈论他如何度过一天。他第一次参观了林肯公园的温室，那儿的气味立即把他带回到他在西雅图度过的童年记忆中。他谈到在他家附近的树林里玩耍，回忆起树木和苔藓的味道。这是植物和花园可以带给我们的重要的东西，它们可以把我们带回到快乐的童年时光，回到我们还不知道世界如此复杂的时候。

我希望今天在魔法森林玩耍的孩子们都茁壮成长，无论今后他们在哪里，都能触发起他们现在的记忆，并将他们带回到此时此地，带回到在温特图尔的橡树山与精灵们一起玩耍的时光里。

一个极好的四月的夜晚，夕阳为鹅掌楸树屋、精灵小屋和仙女花迷宫提供了金色的背景。紫丁香在魔法森林旁的日晷花园中盛开。

第10章 园林中的艺术家之眼

不断地学习和讨论我们与自然世界之间的关系，维持这种关系的新鲜感和相关性，并且在人类意识中予以体现。艺术家对此很有心得，一次又一次将目光转向大自然，将其作为灵感的来源。环境艺术的问题困扰着我们，但同时也为我们提供着机会，如何有意义地调整我们周围的世界。这不仅仅记录着百年以来人类如何与自然相互作用，同时也是测试与之相关的全新模式的实验室。这一切都涉及我们与地球之间关系的持续修复。

环保运动的一个缺点是，它试图使我们因地球环境被破坏而感到内疚或羞愧。最近，我看到一个天然食品商店里提供的可重复使用购物袋，上面印刷着“我在拯救地球——你在干什么？”我认为有太多的指责、矫饰和政治行为。在最有训诫的含义中，环保运动所关注的是减少过剩，要求牺牲和忍耐。环保意识是我们作为一个物种生存下来所必要的，我们确实需要在态度和行动上作重大调整，但是我们也需要放松，活得更加有趣。所以我们需要更多的艺术，尤其是那种颂扬欢乐、神奇和美丽的大自然的艺术。

在北加利福尼亚的西部高山上，南部高地自然保护区的杜鹃花步道旁自然生长着火焰杜鹃花和蕨类地毯。我们只需要增添蜿蜒的小径。

艺术与生态之间

在园林设计中，关于本地植物的关注得到了广泛的理解和支持。然而，园艺这个专业总是在什么地方给环保主义者留下了坏名声，甚至园艺这个词也可以激怒他们。我曾经与一个生态规划师争论，因为他拒绝在一个植物园整体规划中使用这个词。他拒绝承认没有园艺技术，就没有生态修复和设计。所有植物栽培和配植的技术——园艺的实际操作——使我们建立新的生态系统成为可能，同时包括对现有物种进行保护和照顾。

园林设计师和园艺家，在艺术与生态之间有着独特的平衡，并且在这里做出真正的贡献。那些使用本地植物的设计师——或者那些在生态可持续景观中综合使用本地和外来植物的设计师——知道很多关于生态和维护植物健康成长的事情。遵从艺术的原则，他们善于处理形状、结构和形式（似乎他们中的大多数是完全沉迷于色彩）。他们知道如何搭配植物，吸引你的注意力，让你以全新的方式思考花园和自然。园林设计师了解植物的力量可以提升人的精神，激发想象力，他们可以指导人们将生态融入园林设计中。

有时在花草中一个简单快乐的时刻就足以重燃我们与自然世界的关系。我喜欢去花园，被美丽所包围，放纵幻想和快乐的感觉。在人类文化的演变过程中，真实情况是，为了生存的农业——播种农作物的种子——远比把花摘下来放在一个漂亮的花瓶里更重要，但在人类的历史中，每一种文化都有着对花卉的敬仰。花的形状和形式被编织进最不起眼的织物中，在世界范围内装饰着各种各样的日常生活。

英国的环境艺术家内维尔·加比（Neville Gabie）在安大略湖的哈密尔顿皇家植物园举办了雕塑展，主题叫作V=Bo+B1 *D ^B2+B3 *D ^B4 *H^B5，他说这个公式是用来计算一棵树能收获多少立方英尺的木材。这棵红橡树（遭受舞毒蛾病致死）被砍成数段立方体，并打包在一起加比使用抽象的概念和工艺，赋予作品具有讽刺意味的优雅美感，来强调加拿大北部重要的环境问题：采伐森林。

甚至在苦难中，新鲜、生机勃勃的花朵也是美好、自豪和希望的源泉。在美国20世纪30年代的大萧条时期，在贫穷而满目疮痍的南部乡村，植物和鲜花被一家接着一家传递，带给人们鼓励和希望。那些被传送的花儿如今依然在生长，继续被邻居们共享。鲜花和艺术的分享有一个重要目的，它们不能提供食物，但却可以振奋我们的精神，如果生活中没有花儿，我们就不能愉快地生活。

在桑利亚纳州的凤凰城沙漠植物园里，曾经有一个雨水收集装置，由景观设计师坦恩·艾克（Ten Eyck）设计，这个装置可以沿着螺旋状的干砌石收集宝贵的雨水。

在丹佛植物园中，仅仅用少量耐旱的植物栽培种就可以组成植物景观，简单的植物形态不断重复，构成了自然而流畅的美景。

在长木花园中，皮尔斯林园提取了东方落叶松群落的美，也提取了其垂直和水平的设计主题。在青红斑驳的秋景下，透过挺拔的池杉树干（*Taxodium ascendens* 'Prairie Sentinel'），能够看见大片水平线条的弗吉尼亚鼠刺（*Itea virginica* 'Henry's Garnet'）。

从艺术到园艺

有一天我坐下来和丽莎·罗珀（Lisa Roper）、劳雷尔·沃伦（Laurel Voran）谈论园艺和艺术，他们两个是香提克利的设计师和园艺师。劳雷尔在大学主修艺术和环境科学，有非常优秀的园艺背景，在工作中展示了训练有素的美术和生态功底。她十分关注香提克利的废墟园林。园林设计得到了景观设计师玛拉·博德（Mara Baird）的帮助，废墟花园乍看荒草丛生，残垣断壁，但是仔细观察会发现它是一个精心设计和维护的花园。它不仅仅是一个设计作品，也是一个不断随时间演变而鲜活的艺术作品。这些持续的成功需要园丁精湛的技术和艺术家训练有素的眼睛。

作为一个艺术专业的学生，劳雷尔专注于铅字印刷，享受艺术形式的自我生成。她告诉我她也学习了摄影，但发现它是令人沮丧的，因为需要太多设备。最后，她发现自己的园艺之路。

我喜欢在废墟花园中闲逛，偷听游客探索摇摇欲坠的房间残骸时发出的声音，那里被杂草入侵，大敞四开。非园艺家比较关注建筑，而植物爱好者则喜欢一系列不同寻常的树木、灌木、多年生花卉和野草。每个人都喜欢美丽而细节丰富的石雕。这里好似是图书馆，石头雕刻好似藏书，散落在地板上。在看似餐厅的房间中有一个长“桌”，实际上是一个凸起的黑色水池，反光的水面漆黑一片。餐厅的地板由雕刻着蛇形曲线的青石铺成，这个图形曾出现在老房子屋顶上的石瓦上。

废墟花园充满了神秘感的同时也充满了问题。这些餐厅屋顶上的瓦片真的是很久以前的吗？整个建筑是模仿废墟而建，还是本身就是破损的石头房子？雕塑元素表达着幻想——你知道图书馆实际上没有石头书——但是也许这曾经是一个真正的房子，雕塑是房子倒塌后所添加的。事实上场地这里真有一所房子。最初的想法是部分拆除房子使其变成废墟，但出于安全原因，整体结构被拆除，只留下它的基础和一部分的石地板。

花园坐落在山的顶部，一条长长的蜿蜒的踏步道通向花园，带有螺纹的长条踏步穿过长有乱草和多年生植物的草坪。尽管整体看起来十分荒凉，但是仔细观察，就会发现它是被精心设计的，用非常精心的园艺来维护其废弃的外观。场地干旱且贫瘠，但是大多数植物十分适应这里的环境。其中多数植物还十分具有入侵性，每年都必须进行强力清除，防止它们占领这里。劳雷尔管这种做法叫作“自播植物的剪辑”。

整个设计都展示出开放的品质，随时间

变化植物组合会移动和改变。园丁和植物之间有亲密的关系，当你仔细观察设计时，可以发现手工的印记非常明显。劳雷尔说，这个过程好似“仔细检查，然后把感觉不对的抽出来。”她并没有决定留下什么或者去除什么，只是留意什么烦扰到她或什么需要关注。

大多数园丁都很清晰这种感觉。当我早上坐在天井看报纸时，不可避免地看到一些让我郁闷的事情——也许花盆需要被旋转四分之一圈——我不得不起来，开始调整花盆，直到感觉还不错。劳雷尔经常在大型的草坪上做这种工作，不像在大多数的公共花园里，志愿者从事大部分的日常除草工作。在

在香提克利的废墟花园，野草似乎吞没了建筑，但是这些都不是野草，它们是园艺中的财富。榔榆（*Ulmus parvifolia* ‘Frosty’）的一个枝条沿着低矮的石墙生长。在矮墙后长着两组硕大的大须芒草（*Andropogon gerardii*），似乎可以吞没墙体，有一团似乎无意中长到了墙的前面。在矮墙边缘生长着新疆党参（*Codonopsis clematidea*），背景墙上长着毛茸茸的荷兰人烟斗（*Aristolochia tomentosa*）。

这乱七八糟的景象实际上非常人工化。夏日里，美国小白菊的白色花朵（*Parthenium integrifolium*），白色的蛇鞭菊（*Liatris spicata* 'Floristan Weiss'），盛开的烟草花（*Nicotiaria sylvestris* 'Only the Lonely'）和玫瑰粉的岩生藿香（*Agastache rupestris*）一起竞相开放。墨西哥羽状针茅（*Nassella tenuissima*）涌入了小径，大须芒草（*Andropogon gerardii*）建构了空间的高度。

废墟花园展现了典型的类比和对比原则。尽管这两种草有相似的纹理，但是斑叶箱根草（*Hakonechloa macra* 'Albovariegata'）的深绿色叶片与淡黄绿色的金叶金钱蒲（*Acorus gramineus* 'Ogon'）形成了强烈的对比。

在废墟花园的草地区，长条石板的水平线条与柱状的北美圆柏（*Juniperus virginiana* 'Emerald Sentinel'），垂直的尖花拂子茅（*Calamagrostis X acutiflora* 'Karl Foerster'）形成了强烈的对比。晚春时节，芬芳的白色石竹（*Dianthus* 'Greystone'）开花了，然而芬芳的长叶紫菀（*Aster oblongifolius*）则会在秋天绽放。墨西哥羽状针茅与羽状的芦苇和谐共生，并且可食用的百里香填满了石头的缝隙。在宾夕法尼亚，龙舌兰（*Agave americana*）不耐寒，因此它被当作是一年生植物。

这里，她几乎需要做所有的工作。就如杰克逊·波拉克（Jackson Pollack）无法训练志愿者将油漆扔到画布上一样，劳雷尔也无法让志愿者决定这些植物中哪些该去除，哪些该保留。

草甸随季节而变化。大量的多年生花卉色彩缤纷，包括早春的葡萄风信子、水仙、郁金香，晚春和初夏的石竹和百里香，晚夏的薰衣草和块根马利筋，还有秋天的紫菀。

丽莎·罗珀（Lisa Roper）在香提克利的亚洲森林中进行园艺设计，在那里她培养自己成为一个艺术家。她学习绘画、摄影，并在库柏联盟学院学习版画。虽然版画需要精度，但是丽莎找到一种方法，把即兴创作带进技术严格的铜版画和刻画。她将小纸片或者图片分开打印，就像被错放入印刷机一样。结果经常出乎意料。她还研究了蜡染艺术，一种纺织行业濒危的技术：将熔化的蜡放在织物上，然后倒上彩色油墨，蜡被除去后，留下了没有颜色的区域。使用不同的颜色多次重复这个过程，会出现丰富的图案。“蜡染是有层次的，”丽莎说，“像园艺一样。”

作为一名优秀的艺术家，丽莎在工作之余擅长设计实用的凳子和椅子，以及可以在花园里静坐、沉思的小露台——这些才华来

当劳雷尔·沃伦（Laurel Voran）在香提克利花园的另外一处偶遇这个破碎的花盆，她就知道它会有助于营造废墟花园。龙舌兰的蓝绿色叶子与卷叶景天（*Sedum rupestre* ‘Angelina’）的黄绿色叶子形成对比。摇摆的栗色植物是多汁的紫叶莲花掌（*Aeonium arboretum* ‘Atropurpureum’）。匍匐地面的灰色灌丛石蚕（*Teucrium aroanium*）与小小的蓝羊茅一起（*Festuca glauca* ‘Seeigel’）与龙舌兰相得益彰。

在香提克利的亚洲森林，一条小径沿着苔藓草坪，穿过了大片的‘蓝天使’玉簪（‘Blue Angel’ *hosta*）。图中左侧，夏蜡梅的深红色花朵（*x Sinocalycanthus raulstonii* ‘Hartlage Wine’）在晚春时节的花期将持续几周。白色的久留米杜鹃花（*Rhododendron* ‘Snow’）随后绽放。苔藓草坪的装饰雕塑是一个水池，丽莎·罗珀（Lisa Roper）把它雕刻成了自然的石头。照片是由丽莎·罗珀提供。

丽莎在桑橙（*Maclura pomifera*）林之外设计了长凳。她说："这是最充满想象力的森林，并且会持续很多年。"在长凳左边的边坡上，日本箱根草（*Hakonechloa macra*）与金边山地玉簪（*Hosta, montana* 'Aureomarginata'）共同生长。长凳的右侧是一群瓶状玉簪（*Hosta* 'Krossa Regal'）。丽莎说此处是最受欢迎的地方，供情侣们休憩并且享受小溪风光。图片由丽莎·罗珀提供。

自于她对自然和花园的体验。在一条长满了苔藓的小径旁，有一条溪流在亚洲森林穿过，丽莎放置了一个小雕塑—— 一个雕刻在石头之上的浅碗。这件作品的灵感来自于里基茨峡谷（Ricketts Glen）的一次游览，那是宾夕法尼亚州的一个公园，在那里她看到石盆已经被瀑布冲刷过很多年，时间长到足以超出我们的想象。她把碗装满水，随着季节的改变不同的花瓣落入其中。她告诉我加入这个雕塑是因为她希望溪流在流经时可以留下一些水，也想让里基茨峡谷带给亚洲森林一些东西。花园随着时间而变化。你创造了一个场所，你在此生活，随着时间的推移，你添加层次来丰富你和它的私属关系。

初夏的一天，我去了亚洲森林，发现了一些“蓝波”绣球花（‘Blue Wave’ *hydrangea*）和东京鳞毛蕨（*Dryopteris tokyoensis*）的落叶漂浮在水盆中。它们在微风中轻轻浮动，这一点点的活泼使得岩石不再显得那么坚硬。在那个夏天之后的另一次出行中，我发现在附近生长的亚洲凤仙花（Impatiens omeiana）的几片叶子和几朵黄色的掌叶橐吾（*Ligularia palmatilobca*）在水中漂浮。石盆不仅仅连接了小溪和旁边的小路，同时也将亚洲森林其他各处的鲜花联系起来。

漂浮在石盆之上的花朵和树叶都是从周围的亚洲森林中收集来的，并按季节更换。（左图）七月，我发现了‘蓝波’绣球花（‘Blue Wave’ *hydrangea*）和东京鳞毛蕨（*Dryopteris tokyoensis*）。（右图）八月，我发现了黄色的掌叶橐吾（*Ligularia ×palmatiloba*）和耐寒的峨眉凤仙花（*Impatiens omeiana*）的一对叶子。

一个充满故事和回忆的地方

花园不仅仅是一个美丽的地方或者植物爱好的收藏地，这是你与居所之间私属关系的一种表达，是创造性地表达记忆和个人故事的地方。皮尔斯林园把东部落叶松林的精神和美丽带了过来，它的形式使人们感到快乐，并且受到启发，他们写下植物的名称，重现他们在自家花园的那些经历。热带马赛克花园是一个美丽植物和南佛罗里达州文化的融合体。他们说，人们被佛罗里达州“日出边界”的瓷砖墙所吸引，是因为它的色彩和奇妙的变化，但我认为真正的吸引力来自于被拼贴成碎片的小故事。参观者被邀请选择哪些具有个人意义，然后沉浸于幻想和故事之中。

杜邦从来都不会放弃任何有趣的事情，在他去世30多年后，我们有了一个由建筑碎片和破碎的花园装饰品编织在一起的宝库，那是一个对孩子们和他们的家庭都很有意义的地方（以防万一你不认为在现实世界中有魔法，在我听着收音机里的古典音乐开车行驶在圣达菲阿尔伯克基的州际公路上时，这些话就在我的头脑之中了。就好像我为魔法森林作曲时，我听到播音员说，“那个好听的曲子是拉威尔的‘仙女的花园’组曲第一章。”随着快乐的升华，我笑着直到哭泣。没有任何原因，他们不将新墨西哥称为魔法地带）。

得克萨斯花园设计者吉尔·诺克斯（Jill Nokes）在她自己的花园之中创造了“圣物箱”拱门，这个设计灵感来源于在当地20世纪30年代的教堂钟塔。各种各样的物品来自于客户的渗透实验、自驾游和附近采石场的诺克斯的朋友。在这堵墙的建造过程中，邻居们送来了零星的小物件，因此它也变成了社区圣物箱的一部分。

构成故事的要素在美国西南部的私人花园里随处可见。一个祖传的老式玫瑰藤架与薰衣草组合在一起，小咖啡椅勾起人们休憩的想法，随时间变换的水流表明这个花园已经在此存在了许久。

在加利福尼亚北部的阿什维尔（Asheville），赫瑟尔·斯宾塞（Heather Spencer）和查尔斯·莫雷（Charles Murray）家里的移动式独轮车已经不仅仅是一个有关园艺的幽默般的存在，而是伴随着这对夫妻度过了很多辛勤耕作时光，在这个花园中劳作一生的手推车。

像艺术家一样思考

像艺术家一样思考意味着暂时停止理性思维，大胆走出惯性思维，关注如何创造或者如何持续。这不只是幻想，而是一个更非正规的和关注生成的状态。这是跟随着意识流，但在某种程度上也被你自己的兴趣和期待所指导和影响的状态。

当安妮·霍金斯（Annie Hawkins）提出心形玉米田的想法时，这个概念是自发形成的，也是在她的知识领域内形成的。她知道我们有一个很大的地方可以工作，可以从山谷的另外一边看到这个坡地，因此我们就有了一个完整的季节。她知道我们是在宾夕法尼亚州彻斯特县长大并且生活的，被那里的文化和历史所熏染。在那个地方的某一天，她突然间想到这个想法，就好像想法一直坐在那里等着她一样。如果你和一个地方有关联，思考达到一定层次的专注、敏捷和宽阔，那么想法就会自然产生。当心型玉米田的形象瞬间出现时，随之而来的是各种故事和关联，在任何需要的时候展现给我们和游客。

艺术创作中最令人满意的事情之一就是，随着时间的流逝，可以找到各种方式让它和其他人有联系。它有很多深层次的含义，在构思过程中无法彻底理解。这同样适用于像艺术作品一样的花园。在你自己的花园里，如果你像艺术家一样思考，你的创造力就不会被抑制。如果你在跟随意识流的同时，张开自己的艺术家之眼，很多意想不到的事情就会发生，超乎想象的内容会让你的设计更丰满。

像艺术家一样思考需要练习，但并不十分困难。首先要学习像艺术家一样去观察。在花园里，或者你平常生活中的其他地方，寻找自然中重复的形状和模式。一旦你拥有了自己关于形状、模式和形式的词汇，你就会注意到其无所不在。这会提高你感知世界的能力，并且让你像一个设计师一样选择，你就会发现无穷无尽的方式，可以把个人化的语言放入园林中。

练习一些适合你创作的艺术手法，比如写生、素描、抽象拼贴画、油画。记住，你不用做得很完美，只要完成艺术作品即可。你只需要做视觉笔记，用这些方法来记录你对周围世界的认知。允许自己犯错，不用担心作品漂亮与否，只需要坚持画草图和记录视觉信息。通过练习，你会越来越适应你使用的材料和方法，并且不知不觉中，你会发现创建图像变得越来越有趣。你甚至可能发现你想去和别人分享你创作的作品。

关注场所感。当你在设计一个公园时，首先看看它的地域景观，并思考可以用于设计的那些经验。花一些时间来观察一个地方，并用素描和写生的方法来观察你眼前的世界。观察吸引你的那些内容，并将它记录在速写本上。让自己能够注意到场所的要素，然后慢慢地发展你与景观之间的关系。

在材料上做文章。在纸上或者帆布上做拼贴画或抛洒油漆。在户外用杂草、棍棒或者石子娱乐。做环境艺术的临时装置时，从寻找解决设计问题的永久性“答案”的压力中释放自己。不要急于完成一个园林的最终形式，因为如果你这样做了，可能会没有给自发性创意留下余地。保持设计过程的开放，可以使其他层面的意义随着时间推移而产生。

幻想。把自己沉浸在神话的创作中。将神话的所有历史和符号都用到花园中去。人

在乔治亚州松山上的高罗伊花园中有一个约翰·西布尔（John A. Sibley）园艺中心，它的温室花园需要一个新的挡土墙，我使用了来自老墙体和从园路中回收的混凝土块制成的石材。新的挡土墙表面覆盖了很多多肉植物以及地中海气候的植物，展现了直接从场地回收材料进行再利用的创新方式。

高线公园是由詹姆斯·科纳场域运作事务所（James Corner Field Operations）和Diller Scofidio + Renfro综合设计事务所设计的纽约城市公园，从肉库街区沿着曼哈顿的西侧，一直延伸到34号公路。它将一个历史上很著名的高架铁路改造为一个对公众开放的公园，同时也表达了对过去钢轨时代的怀念。

类历史提供了一个丰富的图像资源库，所有的一切都在这里使用和探索。即使它们可能不会出现在竣工的花园中，但是它们可以在设计的演变中发挥作用。事实上，最吸引人的花园开始于设计过程中的很多想法。搜集能找到的所有符号，将它们复制进你的创意之中，用素描或者绘画的方式展现它们，也可以用天然材料把它们制作成雕塑装置，放到景观之中。编辑最打动你的图像，把它们融进花园。

偷想法。为什么不？例如迷宫，在世界各地的文化中拥有成千上万年的历史了。一些人认为当今景观设计是陈词滥调，但是如果你不在乎别人的想法，不断在艺术中实践，你可以很容易地从任何地方找到你想要的符号。我的设计中使用过很多次迷宫，每一个都是独一无二的。它们有不同的大小，由不同的材质组成，拥有着不同的功能。已经出现的事实并不意味着你不能再这样做。其实，宽泛地说，所有东西之前都被做过，完全原创并不是创作一个成功的艺术作品或设计的必要条件。使一处园林独一无二的，并不是在设计过程中个人的图像或者想法的搜集，而是创作力与智慧的组合或并列。

勇敢地称呼自己为艺术家吧。就像凯西·玛考尔蒂（Cathy Malchiodi）所说，艺术家不是一种特殊的人，但是每个人都是一个特殊的艺术家。任何人都可以像艺术家一样工作。所有这一切只需要实践和投身于此。你并不需要许可才能像一个艺术家一样去思考，或是在园林中创作。你只要去做。如果你允许自己像一个艺术家一样思考，你将不仅对结果感到惊讶，也会发现自己创作的园林远远超越你的想象。

当我们盘旋在心形玉米田上空时，我想起安妮·霍金斯曾经在树艺师升降车的升降平台上对我说的话："你看，我告诉过你，艺术会带你去你永远意想不到的地方。"

参考文献

Abbott, Edwin A. *Flatland: A Romance of Many Dimensions*. London: Seeley & Company, 1884. Reprint, New York: HarperCollins, 1983; with a foreword by Isaac Asimov.

Ackerman, Diane. *An Alchemy of Mind: The Marvel and Mystery of the Brain*. New York: Scribners, 2004.

Bye, A. E. *Art into Landscape, Landscape into Art*. Mesa, AZ: PDA, 1983.

Chödrön, Pema. *Start Where You Are: A Guide to Compassionate Living*. Boston: Shambhala, 1994.

Codrington, Andrea. "Keith's Kids." www.haring.com, reprinted from *Sphere* magazine, 1997.

Fairbrother, Nan. *New Lives, New Landscapes: Planning for the 21st Century*. New York: Random House, 1970.

Fox, Helen Morganthau. *Patio Gardens*. New York: Macmillan, 1929.

Frederick, William H., Jr. *The Exuberant Garden and the Controlling Hand*. Boston: Little, Brown, 1992.

Gablik, Suzi. *The Reenchantment of Art*. New York: Thames & Hudson, 1991.

Loewer, Peter. *The Evening Garden*. Portland, OR: Timber Press, 1992.

Macaulay, Alastair. "Merce Cunningham, Dance Visionary, Dies." *New York Times*, 28 July 2009, p. A1.

Magnani, Denise, and Carol Betsch. *The Winterthur Garden: Henry Francis du Pont's Romance with the Land*. New York: Harry N. Abrams, 2004.

Malchiodi, Cathy A. *The Soul's Palette: Drawing on Art's Transformative Powers*. Boston: Shambhala, 2002.

McHarg, Ian. *Design with Nature*. Garden City, NY: Published for the American Museum of Natural History by the Natural History Press, 1969.

Ogden, Scott. *Garden Bulbs for the South*. Portland, OR: Timber Press, 2007.

———. *The Moonlit Garden*. Boulder, CO: Taylor Trade Publishing, 1998.

Orlean, Susan. *The Orchid Thief: A True Story of Beauty and Obsession*. New York: Random House, 1988.

Pine, B. Joseph, and James H. Gilmore. *The Experience Economy: Work Is Theater and Every Business a Stage*. Boston: Harvard Business School Press, 1999.

Puma, Fernando. "Cunningham, the Impermanent Art." *7 Arts*, No. 3. Colorado: Falcon's Wing Press, 1955. Reprinted in David Vaughan and Melissa Harris (eds.), *Merce Cunningham: Fifty Years*. New York: Aperture, 1997, p. 71.

Schulz, Peggie. *Growing Plants Under Artificial Light*. New York: M. Barrows, 1955.

Wijaya, Made. *Tropical Garden Design*. London: Thames & Hudson, 1999.

致谢

我非常感谢安妮，比尔，康拉德，格温，琳达，里克，斯科特兄弟，和所有帮我审查文本的其他朋友及同事。我以幻想为生，所以真实的审查更为重要。大卫，谢谢你对这个项目以及其他项目坚定不移的支持。索菲亚，你对于我手稿上的指导和帮助近乎完美。特别感谢Timber出版社的工作人员，尤其是汤姆，夏娃，苏珊、洛林，是他们让这本书成为现实。

同时，十分感谢我所有的同事与合作伙伴。

词汇对照表

Aalto, Alvar，阿尔瓦·阿尔托

Abbott, Edwin，阿伯特·埃德温

Abramovic, Marina，玛丽娜·阿布拉莫维奇

abstraction，抽象化

Ackerman, Diane，戴安·艾克曼

Acorus gramineus 'Ogon'，金叶金钱蒲“全球”

Actaea alba，白果类叶生麻

Actaea racemosa，黑升麻

Adams, Alice，爱丽丝·亚当斯

Adenium spp.，沙漠玫瑰 杂交种

Adiantum pedatum，掌叶铁线蕨

Aechmea blanchettiana，巴西斑马附生凤梨

Aeonium arboreum 'Atropurpureum'，紫叶莲花掌“红枫”

Agastache rupestris，岩生藿香

Agave americana，龙舌兰

Allegheny foamflower，心叶黄水枝

Allium christophii，白毛叶葱

Allium 'Purple Sensation'，葱“紫色灵感”

Alocasia, *Oudolf*，海芋属

Aloe maculata，皂芦荟

alternate-leaved dogwood，互叶山茱萸

American feverfew，美国银胶菊

American hornbeam，卡罗来纳鹅耳枥

Amsonia hubrichtii，丝叶蓝星

analogy-and-contrast principle，类比和对比法则

Ananas comosus 'Ivory Coast'，凤梨“象牙海岸”

Andropogon gerardii，大须芒草

angel's trumpet，曼陀罗

Araceae，天南星科

Aristolochia tomentosa，荷兰人烟斗

Arnold, Patrick Ross，帕特里克·罗斯·阿诺德

aromatic aster，长叶紫菀

Art Goes Wild (at Garden in the Woods),“艺

Buckley's yucca，丝兰

Buddleia alternifolia 互叶醉鱼草

Burle Marx，Roberto，罗伯特·布雷·马克思

Bye，A. E.，拜

Caladium 'Thai Beauty'，五彩芋"泰国美人"

Calamagrostis × acutiflora 'Karl Foerster'，尖花拂子茅"卡尔弗斯特"

Callicarpa dichotoma，白棠子树

cardinal flower，红花半边莲

Carpinus Caroliniana，美国鹅耳枥

Carpinus Walk（at Peirce's Woods），鹅耳枥步道（在皮尔斯森林）

"Carrot Moon，""胡萝卜月亮"

Cascade Garden（at Longwood Gardens），瀑布花园

Cathedral Clearing（at Peirce's Woods），大教堂空地（在皮尔斯森林）

Caulophyllum thalictroides，蓝升麻

Cercis canadensis，加拿大紫荆

Chaenomeles speciosa 'Moerloosei'，贴梗海棠"秀美"

chance，as a design tool，随机偶然，一种设计方法

Chanticleer garden（Wayne，Pennsylvania），香提克利花园

Chasmanthium latifolium，小盼草

Chelone glabra，白龟头花

children's gardens，儿童花园

Chinese elm，中国榆树

Chinese snowball viburnum，中国雪球荚蒾

Chinese witch hazel，中国金缕梅

Chionodoxa spp.，雪光花

Chodron，Pema，佩玛·肖德龙

Christmas fern，圣诞耳蕨

Cimicifuga racemosa. See Actaea racemosa 黑升麻

Clebsch，Meredith，梅瑞迪斯·克莱伯施

coastal azalea，海岸杜鹃花

Codonopsis clematidea，新疆党参

Coffin，Marian Cruger，玛丽安·克鲁格·科芬

Colchicum autumnale，秋水仙

collaboration，合作

collage，拼贴

Colocasia，芋属

Colocasia esculenta，"Burgundy Stem"槟榔芋"勃艮第血统"

color choreography，颜色编排

common goatsbeard，常见假升麻

common wood sorrel，常见木酢浆草

Corn Heart，玉米心

灵小屋

Fairbrother，Nan，南・费尔布拉泽

fairy candles. 仙女蜡烛 参照 *black cohosh* 黑升麻

Fairy Flower Labyrinth（at Enchanted Woods），仙女花迷宫

false goatsbeard，二回落新妇

feather reed grass，拂子茅

Feliciani，John，约翰・费利恰尼

Festuca glauca 'Elija Blue'，蓝羊茅"蓝色伊利亚"

Festuca glauca 'Seeigel'，蓝羊茅"海胆"

Fibonacci sequence，斐波纳契数列

Filipendula ulmaria 'Aurea'，旋果蚊子草"奥雷亚"

'Firefly' *azalea. See Rhododendron* 'Hexe'"萤火虫"杜鹃

Fisher，Randy，兰迪・费舍尔

Flatland（Abbott），平面国（阿伯特）

Floating Islands（at Art Goes Wild），漂浮的岛屿（在艺术走进荒野）

Florida azalea，佛罗里达杜鹃

Florida Sunrise Border（at Naples Botanical Garden），佛罗里达日出边界（在那不勒斯植物园）

Florida sword fern，佛罗里达剑蕨

Florida Garden Walk（at Longwood Gardens）.佛罗里达花园之路（在长木花园）

flowering tobacco. 烟草花

Forbidden Fairy Ring（at Enchanted Woods），禁入的精灵环（在魔法森林）

forsythia，连翘属

Forsythia japonica，连翘

fountain butterfly bush，互叶醉鱼草

Fox. Helen Morganthau，海伦・摩根豪斯・福克

fragrant granadilla，芬芳的翅茎西番莲

Fragrant Nocturnal Arbor（at Naples Botanical Garden），芳香的夜间藤架（在那不勒斯植物园）

fragrant snowball，芳香雪球

Frederick，William H.，Jr.威廉・弗雷德里克

Friedlaender，Bilge，伯力格・弗里德伦德尔

From Within and Outside a Bright Room（Gould），发光的房间之内外（古尔德）

Frost，Robert，罗伯特・弗罗斯特

Fuchs，Leonard，伦纳德・富克斯

Fuchsia Wall（at Naples Botanical Garden），紫红色的墙（在那不勒植物园）

Gabie，Neville 内维尔・加比

Gablik，Suzi 苏济・加布利克

Heuchera villosa，长柔毛矾根草

Heuchera villosa ‘Caramel’，矾根草“焦糖”

Heuchera villosa var. purpurascens，多毛矾根草

Hibiscus mocheutos，药用蜀葵

Hidden Valley（at Art Goes Wild），隐匿山谷（在“艺术走进荒野”项目中）

High Line park（New York City），高线公园（在纽约）

Hogarth，William，威廉·贺加斯

Hosta ‘Krossa Regal’，玉簪“克罗撒·雷加尔”

Hosta lancifolia，紫玉簪

Hosta montana ‘Aureomarginata’，金边山地玉簪

Hosta ‘Orange Marmalade’，玉簪“桔子果酱”

Hosta sieboldiana var. elegans，粉叶玉簪

Hosta ‘Touch of Class’，玉簪“格调”

Hudson River school，哈得孙河画派

hybrid cherry，杂交种

Hydrangea macrophylla ‘Mariesii Perfecta’，绣球“蓝波”

Hydrangea ‘Preziosa’，绣球“珍贵”

Ilex decidua ‘Byers Golden’，落叶冬青“拜尔斯金”

Ilex decidua ‘Finch’s Golden’，落叶冬青“黄金雀”

“immersive experience”，沉浸式体验

Impatiens omeiana，峨眉凤仙花

India date palm，印度枣椰树

India Date Palm Allee（at Naples Botanical Garden），海枣树小径（在那不勒斯植物园）

“In Hardwood Groves”（Frost），硬木园（弗罗斯特）

Ipomoea alba，月光花

Iris cristata，矮冠鸢尾

Iris versicolor，变色鸢尾

Israel，Robert，罗伯特·伊斯雷尔

Itea virginica ‘Henry’s Garnet’，弗吉尼亚鼠刺“亨利的石榴石”

Japanese quince，日本海棠

Japanese rush，日本蔺草

Japanese stewartia，日本紫茎

Jaudon，Valerie，瓦莱丽·若东

Jensen，Jens，简氏·詹森

Joyce Kilmer-Slickrock Wilderness，乔伊斯基尔默滑石荒野

Juniperus virginiana ‘Emerald Sentinel’，北美圆柏

Mexican feather grass，墨西哥羽状针茅

Midnight Wine weigela，午夜葡萄酒锦带花

Mitchell，Joni，乔妮·米切尔

Mitchella repens，蔓虎刺

Mizner，Addison，阿迪森·麦兹那

Morrison，Darrel，75，79达雷尔·莫里森

mosaic，马赛克

Mondriaan，Piet，皮特·蒙德里安

moon vine，月光花

Murray，Charles，查尔斯·穆拉伊

music，音乐

'My Mary' *rhododendron*，杜鹃花"我的玛丽"

myth making，编造神话

'Nacoochee' *rhododendron*杜鹃"纳科奇"

Nairn，Michael，迈克尔·奈恩

Naples Botanical Garden，那不勒斯植物园

Nassellatenuissimal，羽状针茅

native plants，乡土植物

Nephrolepis cordifolia，肾蕨

Nephrolepis exaltata，波士顿蕨

New England Wild Flower Society，新英格兰野生花卉协会

New York fern，纽约鳞毛蕨

Nicotiana sylvestris 'Only the Lonely'，烟草"只有孤独"

Nokes，Jill吉尔·努克斯

Oak Hill (at Winterthur)，橡树山（在温特图尔）

Oconee azalea. 奥科尼杜鹃 See Rhododendron 看见杜鹃

Ogden，Lauren Springer，劳伦·普林格·奥格登

Ogden，Scott，斯科特·奥格登

O'Keeffe，Georgia，佐治亚·奥基夫

One Thousand Arms of Compassion (Mazeaud)，《千手慈悲》（马泽尔德）

oriental photinia，东方石楠

osage orange，桑橙

Oudolf，Piet，皮耶特·奥多夫

Oval Lawn (at Naples Botanical Garden)，椭圆形的草坪（在那不勒斯植物园）

Oxalis montana，蒙大拿酢浆草

Oxydendrum aboreum，酸叶石楠

pachypodium，棒槌树

pachysandra，乡土富贵草

Pachysandra procumbens，乡土富贵草

painting. 油画

Panicum virgatum，柳枝稷

Red cedar，北美圆柏

Rhodendron atlanticum，西洋杜鹃

Rhodendron atlanticum ‘Choptank Yellow’ 西洋杜鹃“查普坦河黄”

Rhodendron atlanticum ‘ Yellow Delight’ 西洋杜鹃 “明黄”，

Rhodendron austicum，佛罗里达杜鹃花

Rhodendron calendulaceum，火焰杜鹃花

Rhododendron flammeum ‘Harry’s Speciosum’，奥科尼杜鹃

Rhododendron ‘Hexe’，杜鹃花 “海琪榭”

Rhododendron kaempferi，山杜鹃

Rhododendron mucronulatum，迎红杜鹃

Rhododendron ‘Snow’，杜鹃花 “白雪”

Rhododendron vaseyi，又名：粉瓣杜鹃花

Rhus typhina ‘Tiger Eyes’，火炬树 “老虎眼睛”

Rice，Jim，吉姆・赖斯

River Eyelash（Levy），《河的睫毛》（莱维）

Roads Water Smart Garden（at Denver Botanic Gardens），罗德水智能花园（丹佛植物园）

Roper，Lisa，丽莎・洛佩尔

Ross，Maggie Napaljarri，玛吉・罗斯

The Roundabout（Adams），回旋（亚当斯）

round-leaf violet，圆叶堇菜

Ruin Garden（at Chanticleer），废墟花园（香提克利）

Salata，John，248，约翰・萨拉塔

Salvia officinalis ‘Purpurascens’，鼠尾草“紫色”

Sargent，Charles Sprague，查尔斯・斯普拉格・萨金特

Sarracenia alata，翅状瓶子草

Sarracenia purpurea，瓶子草

Saunders，Ronald M. 罗纳德・桑德斯

Schlinke，Naomi，内奥米・施林克

Scilla spp.，绵枣儿类

Schizachyrium scoparium，须芒草

Schulz，Peggie，佩吉・施瓦茨

Scroll Circle（Adams and Smith亚当斯和史密斯），《卷轴圈》

Sedum rupestre ‘Angelina’，卷叶景天“安吉丽娜”

Sedum sarmentosum，垂盆草

Sedum telephium ‘Matrona’，紫景天 “老妇人”

Shea，Mary，玛丽谢伊

Shepheard，Sir Peter，谢菲尔德・皮特

Silver Garden（Longwood Gardens），银色花园（长木花园）

Simon，Marjorie，马乔里・西蒙

（皮尔斯林园）

Thread leaf bluestar，线叶蓝星

Thread leaf sundew，线叶茅膏菜

Tiarella cordifolia，心形叶黄水枝

Tiarella cordifolia ‘Running Tapestry’，心形叶黄水枝“流动的织锦”

time scales，时标

Tokyo wood fern，东京鳞毛蕨

Toronto Botanical Garden，多伦多植物园

Triennial Wallflowers（Smith），《三年生花墙》（史密斯）

Tripascum dactyloides，伽马草

tropical gardens，热带植物花园

Tropical Mosaic Garden（at Naples Botanical Garden），design of，热带马赛克花园设计（在那不勒斯植物园）

tuberous sword fern，肾蕨

tulip poplar，鹅掌楸

Tulip Tree House（at Enchanted Woods），郁金香树屋（在魔法森林）

Tyrrell，Gordon，戈登·泰瑞勒

Ulay，乌拉伊

Ulmus parvifolia ‘Frosty’：榔榆“霜白”

University of Delaware，特拉华大学

University of Pennsylvania，宾夕法尼亚大学

Upside-Down Tree（at Enchanted Woods），猴面包树属（在魔法森林）

iegated hakone grass，箱根草

Viburnum×*carlcephalum*，红蕾绣球荚蒾

Viburnum dilatatum. 荚蒾

Viburnum macrocephalum ‘*Sterie*’.绣球荚蒾“斯特瑞”

Viburnum nudum ‘Winterthur’.美国红荚蒾“温特图尔”

Viburnum obovatum ‘Whorled Class’.“轮生类”倒卵叶荚蒾

Viola rotundifolia.圆叶堇菜

Virginia sweetspire，弗吉尼亚鼠刺

Voran，Laurel.劳雷尔·沃兰

Vriesea imperialism，帝王凤梨

Water-Smart Garden（at Denver Botanic Gardens）.水智能花园（在丹佛植物园）

Weigela florida ‘Elvera’，佛罗里达锦带花“伊利亚”

Weigela ‘Red Prince’，锦带“红色王子”

Wentz，Harriet. 哈丽特·温兹

white baneberry. 白升麻

white turtlehead，白龟头花

Wijaya，Made，马德·加雅

译后记

景观似乎先天就有着艺术的基因，然而真正从艺术的角度审视，景观似乎又化身为工程产品，少了能够直接感受的艺术表达。隐藏在空间之后的艺术，变成无法面对、只可意会的存在。本书最大的特点就是对景观重新进行了艺术的解读，讲述了一种全新的、具有创造性的景观设计方法。作者从直觉感知、快速表达、艺术形式、向自然学习等角度，描述景观中的艺术创作过程，并且用鲜明生动的案例，示范了如何在景观中创造性地呈现艺术的存在。这里，不仅仅有艺术家的眼光，还有着严谨的专业探索，从文中大量有关植物材料的详细描述中，就可以看出，这个方法不是艺术家的随心所欲，而是以艺术为目标，一丝不苟的景观创作。

在开始阅读本书的时候，希望读者能够沉浸在作者的世界中，慢慢品读，就像作者表述的那样，让自发性占据你的头脑，让不可思议自动呈现。最后，期待这本获得美国大奖的优秀作品可以帮助国内的同行和学生们在景观艺术的理解上有所收获。

哈尔滨工业大学建筑学院景观系　余　洋

译者致谢

第一次翻开这本书，我就深深地爱上了它。没来得及细读，就已被漂亮的图片所打动。带着它漂洋过海来到英国，才发现从艺术到景观是一个不小的课题，艺术和植物的魅力是那样令人陶醉。以至于在匆匆完成了简单的初稿之后，我竟然无法继续，深恐能力不足，曲解了作者的精心之作。

回国后的忙乱，让译稿再次沉睡，出于对本书执着的喜爱和对出版社好友的愧疚之情，让我再次提笔开始工作。在这个过程中，有幸遇到刚刚回国工作的胡尚春老师，共同翻译。虽然胡老师也是第一次进行翻译的工作，但是他在美国多年的求学经历，让我们不仅合作愉快，而且在进度上也加速了不少。我也有幸邀请到西安建筑科技大学的裴钊老师完成大部分的审校工作，裴老师的严谨认真让译稿避免了很多细节上的问题。

再次感谢好友戚琳琳对我的包容和支持，一再延后的交稿日期已经影响了她的出版计划，在此表示深深的歉意。

在整个的翻译过程中，我得到了诸多的支持。感谢东北农业大学刘慧民老师在植物名称的翻译中给出的宝贵意见；感谢徐健女士和张保利先生对部分章节的校译工作；感谢我们的学生姜婷、李冰、位一凡、刘美倩、唐晓婷、宋婷婷、李禹狄和贾让，在初稿阶段他们完成了文字和图片的基础性工作；感谢王馨笛同学出色的语言能力，在部分章节和图片的翻译工作中起到了关键的作用。最后，感谢所有的编辑们，是你们的辛苦工作让本书顺利出版。译稿中如出现错误，请读者和同行们不吝指出，便于今后的修改。

无数个电脑前苦苦的思索和仔细的询证，源于书稿中大量的信息和作者自由随性的写作风格，希望这本姗姗来迟却充满艺术情怀的书，能够让读者距离景观再近一点儿，能够真正感受到景观中无处不在的艺术。